"411"模式职业能力考核评价体系

——以建筑工程技术专业为例

何 辉 著

中国建筑工业出版社

图书在版编目（CIP）数据

"411"模式职业能力考核评价体系——以建筑工程技术
专业为例/何辉著．—北京：中国建筑工业出版社，2013.3
ISBN 978-7-112-14273-6

Ⅰ.①4… Ⅱ.①何… Ⅲ.①建筑工程-人才培养-研究-
高等职业教育 Ⅳ.①TU

中国版本图书馆 CIP 数据核字（2012）第 081294 号

本书以浙江建设职业技术学院重点专业——建筑工程技术专业为载体，探讨了基于"411"模式的职业能力考核评价体系。全书共六章，分别为：时代的呼唤——构建职业能力考核评价体系的背景和意义，专业的调研——建设类高职院校建筑工程技术专业办学现状，人才的培养——"411"人才培养模式的理论和实践，体系的构建——"411"模式职业能力考核评价体系的构建，改革的实践——"411"模式职业能力考核评价体系的应用和实践，前进的方向——"411"模式职业能力考核评价体系的成效和不足。本书可作为建筑工程技术专业教师和教学管理人员的参考资料。

责任编辑：李　明　田立平
责任设计：陈　旭
责任校对：刘梦然　王雪竹

"411"模式职业能力考核评价体系
——以建筑工程技术专业为例
何　辉　著
＊
中国建筑工业出版社出版、发行（北京西郊百万庄）
各地新华书店、建筑书店经销
北京红光制版公司制版
北京建筑工业印刷厂印刷
＊
开本：787×1092毫米　1/16　印张：10¾　字数：264千字
2013年4月第一版　2013年4月第一次印刷
定价：**30.00**元
ISBN 978-7-112-14273-6
（22362）

前　言

迈入新世纪以来，趁着时代的东风，随着我国对高等职业教育重视的不断加深，对高等职业教育扶持的不断加强，对高等职业教育投入的不断加大，我国高等职业教育进入了健康发展的时代。经过多年的发展，我国的高等职业教育无论在办学规模、学生数量、师资队伍还是实训设备上都有了较大的提高。然而，高等职业教育，一些根本性的问题正在逐渐制约着进一步的发展，这些问题包括如何真正实现、全面实施工学结合、校企合作；如何建设完善好基于工作任务的课程体系；如何进一步构建科学有效合理的职业能力考核评价体系等。可以说，在高等职业教育已受到社会越来越重视的今天，如何解决好上述这些瓶颈问题，真正意义上实现高等职业教育从规模的扩张到内涵建设，培养出懂理论、精技术、会操作、擅创新的高素质高端技能应用型人才，已成为我们这代高职教育人责无旁贷的历史使命。

浙江建设职业技术学院作为浙江省唯一的一所公办建设类高职院校，办学历史已有50余年。经过半个多世纪的发展，学院已成为浙江省建设行业人才培养的基地和摇篮，很好地发挥了服务社会、服务经济、服务行业的作用，为浙江省建设系统和地方经济建设输送了各类人才逾万名，他们已经成为我省建设事业中一支不可缺少的中坚力量。为了进一步加强内涵建设，几代建院人不断为探索和构建适合时代的人才培养模式而辛勤耕耘着，尤其是1999年学院筹建初期，我院根据高等职业教育培养技术应用型人才的目标要求，开始对人才培养模式作更深入系统地探索和研究，进行了大规模的教学改革和实践，构建了适合建设类高职专业的"411"人才培养模式，该模式是建立在对学生需具备核心能力的合理划分和科学构建之上的，实现了学生综合素质由"知识本位"到"能力本位"的转变；专业培养目标由"理论型"到"技术型"的转变；专业课程体系由"学科型"到"模块型"的转变。

"411"模式的构建是以能力为本位的，如何确保学生能真正掌握专业职业能力，这就需要有一个科学的专业职业能力考核评价体系对学生的学习进行实时监控。以我院的省级重点专业——建筑工程技术专业为载体，我们构建和实施了基于"411"模式的职业能力考核评价体系。经过多年的探索和实践，"411"模式职业能力考核评价体系理论日臻成熟、体系日趋完整、效果日益明显，对我院人才培养模式的创新、教学实践体系的改革、课程体系结构的优化、教材建设内容的丰富、双师队伍培养的完善、实训平台建设的推动和人才培养质量的提高都起到了积极的作用。本着共同探讨、相互促进的目的，现将"411"人才培养模式的完善和发展、"411"模式职业能力考核评价体系的理论和实践汇辑成文，以期引起高等职业教育界对构建和完善能力考核评价体系的重视，共同促进高等职业教育人才培养的质量。

浙江省住房和城乡建设厅领导以及各职能处室的领导对我院高等职业教育的改革和发展历来给予积极的支持，在本书出版之际表示衷心的感谢！浙江建设职业技术学院领导特别是徐公芳书记和丁夏君院长对"411"模式职业能力考核评价体系的构建和实践给予极大的关注和全力的支持，这是我们努力工作的源动力，也是本书得以顺利出版的重要保证，在此表示特别的感谢！中国建设教育协会专家委员会副主任杜国城教授，高职高专教育土建类专业教学指导委员会秘书长、四川建筑职业技术学院胡兴福教授，土建施工类专业分委员会主任、黑龙江建筑职业技术学院赵研教授，土建施工类专业分委员会委员、内蒙古建筑职业技术学院郝俊教授，土建施工类专业分委员会委员、成都航空职业技术学院冯先灿副教授都为本书的成稿提出了具体的意见和建议，在此表示由衷的感谢！同时，刘俊龙教授、刘世美教授、丁天庭副教授、沙玲副教授、夏玲涛副教授、姜健副教授、梁晓丹副教授、张敏高级工程师、来丽芳副教授、朱延华高级工程师、濮阳炯高级工程师、陆生发老师、陈伟东老师、黄乐平老师、黄永焱老师、王晓翠老师等对"411"人才培养模式的完善和发展、对"411"模式职业能力考核评价体系的构建和实践都付出了辛勤的劳动和努力，在此一并表示衷心的感谢！

　　本书的撰写历时年半，数易其稿，虽已竭尽全力，但囿于水平有限，恐有许多错误存在，敬希读者指正。

何　辉

2012 年 4 月于钱塘江畔

目　　录

第一章　时代的呼唤
——构建职业能力考核评价体系的背景和意义

第一节　研究背景

一、浙江省高等职业教育发展概况

浙江省历来是人文荟萃之地，素来就有耕读传家、重教兴学之风。由于历史的原因，向来有"文化之邦"美誉的浙江省，虽然基础教育一直处于全国领先水平，但高等教育却长期滞后于全国水平，不仅高等院校数量偏少，学生规模较小，而且各地域间发展较不平衡，院校之间发展水平参差不齐，高等教育的结构和类型也不尽合理。与此同时，浙江省的经济已经取得了飞速的发展，自1997年始，浙江国内生产总值、城市居民人均可支配收入和农村居民人均纯收入等多项国民经济指标居全国前4位，与浙江省"经济强省"的称号相比，我省的高等教育却实实在在处于"小省"、"弱省"的地位。如何彻底扭转和打破这种文化制约经济发展的瓶颈，将我省建设成为真正意义上的教育强省、文化大省，是浙江人多年的心愿和梦想。

1998年以来，尤其是迈入新世纪的近十年，省委、省政府把发展教育事业放在越来越重要的位置上来。经过近年来的努力，浙江省的高等教育特别是高等职业教育取得了跨越式的大发展，无论在院校数量、办学规模、师资力量、校园建设、实训设备、专业发展、课程改革、教材建设上都取得了突破性的进展。

（一）办学规模急剧扩张

浙江省的高等职业教育从无到有，从有到精，首先最突出的表现在高等职业院校数量的增长和办学规模的扩张上。1998年浙江省高等院校数量为32所，到2010年，全省高等院校数量为80所（含筹建高职院校1所），其中大学建制的高校12所、普通本科学院21所、普通高等专科学校3所、高等职业院校44所❶。短短十数年间，我省高等院校数量翻了几番，而其中高等职业教育的发展起了至关重要的作用，可以说，我省高等职业教育已占了普通高等教育的半壁江山。

与此同时，我省高等职业院校的办学条件、学生规模都有了大幅度的提高。1998年，全省高等院校共32所，校均规模只有3000人左右，高校总占地才1万亩，其中100亩以下的"袖珍大学"有7所，最小的占地只有41亩。至2010年，大部分高职学校已建成新校园并投入使用，少部分高职学校的新校园也正在积极规划建设中。全省高职学校均占地400亩，校均校舍面积10.5万 m^2，校均教学仪器设备值1292万元，校均图书15.8万册，不仅高于全国高等职业学校设置标准，更是远远高于全国高职学校的平均水平。浙江省高等职业教育规模，如图1-1所示。

---

❶　2010年浙江教育事业发展统计公报，http://www.zjedu.gov.cn/.

（人）

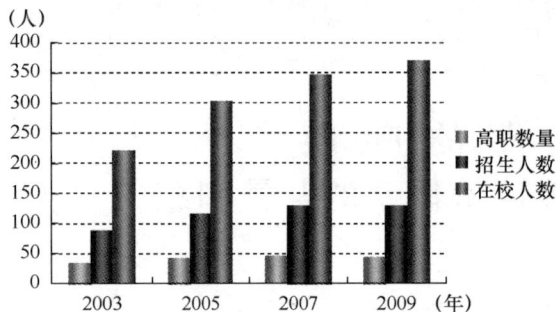

图 1-1　浙江省高等职业教育规模

（二）教学改革成效明显

1998 年以前，浙江省高等职业教育人才培养和教学改革主要存在两方面的问题。一是虽然对高等职业教育已经有十多年的实践和探索，但都是在小范围内，有限的针对高等职业教育理论和人才培养模式的研究也只是仅限于普通高等院校的职业技术教育研究机构，高等职业教育人才培养模式的实践、总结和提炼更是少之又少，因此高等职业教育人才培养模式和教学改革研究的理论性不深、系统性不强、实践性不强，效果无法得到有效的检验。二是高等职业教育发展初期，都是充分利用已有的教育资源，主要通过现有的职业大学、部分专科学校、独立设置的成人高校改革办学模式、调整专业方向和培养目标来促进发展，在仍不能满足需要时，经批准可利用少数具备条件的重点中专学校改制等方式作为补充，这也就是人们所说的"三改一补"方针。这些院校受传统普通高等教育模式和中等职业教育模式影响较深，在办学理念、办学定位、人才培养目标上都沿用了原有的普通高等教育模式或中等职业教育模式，成为了"本科压缩型"和"中专延伸型"的教学模式，离高等职业教育的目标尚有一定的距离。

经过近年来的实践发展、观念更新、模式创新，高等职业教育人才培养模式和教学改革已形成了一整套完整的体系，以"就业为导向"的培养目标，以"工学结合、校企合作"的办学模式已得到高职教育界的普遍认同。在此背景下，各高职院校结合区域经济发展程度、行业优势、岗位特点和院校自身实际，纷纷创造了各具特色的高等职业教育新模式。如"2+1"人才培养模式、"411"人才培养模式、"1221"人才培养模式、"订单式"人才培养模式等。这些人才培养模式的构建无不是以能力为本位，课程的设置无不基于工作过程，教材的编写无不基于工程案例，师资的建设无不基于双师素质，更加注重实践环节的教学和实训基地的建设。这些争奇斗妍的人才培养模式是近年来高等职业教育人才培养模式和教学改革发展的集中体现，反映出我省高等职业教育的观念越来越开放，理念越来越更新，能力越来越本位，成效越来越明显。

（三）人才质量不断提高

随着我国社会主义市场经济体制的深化和发展，高等院校毕业生已由"国家分配、统包统分"阶段进入到"自主择业、双向选择"阶段。在"国家分配、统包统分"阶段，由于处于计划经济时代，大学生作为天之骄子，毕业后工作将由国家统一分配，不存在自己应聘择业的问题，大学生的主要任务是学习各种理论知识，而有没有掌握专业职业能力不是大学生学习的重点，这个阶段培养出来的大学生能掌握一定的理论知识，具有一定的科学研究水平，但能否将所学知识在工程中进行应用和实践还存在着一定的问题。因此造成高职教学中理论教学和工程实践脱节，高职毕业后不能适应工程实践，学术理论头头是道、动手操作水平较差等现象屡有发生。

近年来，高职人才培养的目标逐渐明确，高等职业教育的根本目的是为了适应社会需要、以培养技术应用型人才为目标，构建知识、能力、素质为一体的培养方案，高职毕业生应具有一定的基础理论知识、较强的技术应用能力、综合素质较高等特点。随着高等职业教育规模的扩大、人才培养模式的创新、教学改革的发展，高等职业教育人才培养质量不断得到提高，高职毕业生以其较宽的知识面，较强的实践动手能力，一定的理论知识水平，吃苦耐劳、任劳任怨的综合素质深受一线用人单位的好评和肯定，高职毕业生得到了越来越多企业的认可，毕业生称职率、满意度日益增高。近年浙江省高职毕业生人数，如图1-2所示。

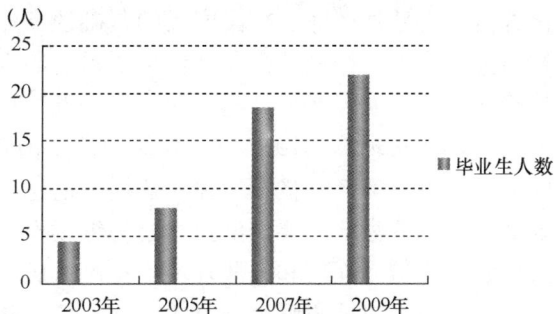

图1-2 近年浙江省高职毕业生人数

（四）社会效益日益显著

高等职业教育的大发展，给经济社会带来的好处是实实在在的，主要表现在三个方面。

1. 满足了社会发展对高等教育的需求

高等职业教育作为我国高等教育体系中的一个类型，它的快速发展，实现了我国高等教育内部结构调整，积极探索了人才培养的新模式，为高等教育发展提供了宝贵经验。高等职业教育的出现和发展，使我国高等教育体系更为完整，人才培养的类型更加全面，更适应社会发展的需要。

2. 满足了经济发展对职业人才的需求

浙江省快速发展的经济，需要大量理论扎实、技能精通、素质优良的应用型技术人才。受传统就业观念的影响，普通高等教育培养的学生往往不愿意到企业一线、基层单位就业，造成许多企业技能型技术人才的大量缺少，高薪聘请"蓝领"人才却无法满足的现象时有发生，人才的缺乏和企业的发展形成了强烈的矛盾。高等职业教育规模的不断扩大，毕业学生数量的大量增加，人才质量的持续提高在很大程度上解决了这个矛盾，为企业的发展、经济的提升提供了强大的智力保障和人才支撑。

3. 满足了人民群众对高等教育的需求

浙江省作为一个文化教育大省，人民群众对高等教育的需求历来很迫切，但是由于历史原因，浙江省的高等教育基础较为薄弱，数量少、规模小，高等院校扩容压力较大，无法满足人民群众对高等教育的需求，造成广大学生千军万马过独木桥的局面。高等职业教育的发展实现了我省高等教育从精英化教育向大众化教育的转变。据统计，2010年，浙江省普通高等教育本专科共招生25.30万人，高职（高专）招生12.12万人，占全省普通高校当年招生总数的1/2；2010年，浙江省普通高等教育本专科在校生规模88.49万人，高职（高专）在校生人数达36.27万人，占普通高等教育在校生总数的40.99%。高等职业教育不仅是浙江高等教育规模扩容的主力军，而且已成为浙江高等教育多样化发展的重要方式。

二、浙江省建设行业事业发展概况

（一）建筑业是浙江省国民经济举足轻重的支柱产业

"十一五"期间浙江省建筑业发展迅速，坚持以市场为导向，积极推进行业改革与发展，积极推进建筑业结构调整和转型升级，建筑业保持了又好又快的发展势头，已经成为国民经济的支柱性产业、富民安民的基础性产业、科技进步的创新型产业、文明建设的窗口性行业，为全省经济社会发展作出了重要的贡献。"十一五"以来，全省建筑业继续保持快速、健康的发展态势，建筑业"十一五"规划主要指标和"建筑强省"战略第一阶段主要目标全面实现。2010年完成建筑业总产值首次突破1万亿元大关，达到12008亿元，同时实现利税总额740亿元，建筑业增加值达到1632亿元，占全省GDP的6%，百亿元企业数量达到6家，主要经济技术指标继续保持全国前列。建筑业在推进城市化和城乡统筹进程、改善城乡面貌和人居环境、提高人民群众的生活水平和生活质量、解决大量进城务工人员就业及对地方财政贡献等方面发挥了积极的作用。

（二）建筑业是吸纳社会就业人员的主要行业

据不完全统计，我国建筑业全行业就业人口超过五千万。据浙江省住房和城乡建设厅统计，2011年浙江省建筑业从业人员达到628万人。作为专业行业而言，建筑业的就业人员是国内所有行业中的最大的。实际就业人口超过全国就业人口的6%，占城镇就业人口的13%。建筑业人员中80%是农民工，建筑业是解决三农问题的重要抓手，对于新农村建设、农村劳动力转移都具有很重要的作用。

（三）建筑业是劳动密集型和人才紧缺行业

建筑业的技术人才304万左右，不足行业人员的10%。2010年全国高校土建类的人才培养规模计算，还需要10年才能达到全国专业技术人员的平均水平。在行业中80%以上为农民工，农民工的学历大多数是初中及初中以下；建筑业就业人员中研究生0.4%、本科生1.2%、专科生3.4%、中专生3.5%，在所有行业中是最低的。专业技术人员的创新能力、经营管理人员的市场开拓能力、生产操作人员的技能水平和行业发展水平还有很大的距离。据浙江省住房和城乡建设厅不完全统计，我省建设行业从业人员达到六百余万，在职干部职工有586829人，其中，专业技术管理有146723人。在专业技术管理人员中，研究生学历的有852人，本科学历的有23403人，占15.9%，专科学历的有49645人，占33.8%，中专学历的有43401人，占29%；职称结构情况为，高级职称5334人，中级职称38219人，初级职称90162人。一方面，随着建筑业的技术不断进步和国家执业注册制度的推广，中专以下学历的专业技术人员将越来越难以适应建筑业发展的需求；另一方面，随着建设规模的扩大，高新技术的应用，以及建筑市场的国际化趋势，对人才的素质、人才培养规格提出了更高的要求，需要大量的在第一线从事生产、管理、服务的高等技术应用型人才为建筑业的进一步发展提供人才和智力支持。

基于以上原因，我国建设类高等职业教育发展迅速，先后有浙江、黑龙江、内蒙古、广东、四川、山西、上海、徐州、泰州、广西、江西、湖南、湖北等省区等省市独立设置建设类高等职业技术学院，辽宁、广州、上海等省市高等院校设立建设类高等职业技术学院（二级学院），建设类高等职业技术学院已发展到近20所，建设类高职院校已经成为建筑企业科技发展、技术进步不可缺少的重要组成部分和人才培养基地。然而，我国目前的建筑类高职院校土建类专业在人才培养方面普遍存在着人才培养规格定位不够准确，课程设置不够科学，教学模式不够开放灵活，以致人才培养方案还不能体现高职教育的特征，人才培养质量还不能完全满足用人单位的需要。

在这一社会背景下，中国高等职业教育肩负着培养当今建设业所需的具有专业技术实施能力和创新能力的高素质应用性技术人才的历史使命。如何探索高职建设类专业人才培养模式，提高高职建设类专业人才培养质量，满足日益增长的社会需求，是当前高职教育面临的重大现实课题。

三、建设类高等职业教育人才培养模式的发展概况

（一）黑龙江建筑职业技术学院——产学结合校企合作教育"2+1"人才培养模式

1. 产学结合校企合作教育"2+1"人才培养模式（以下简称"2+1"人才培养模式）的含义

"2+1"人才培养模式具体是指，学生入学后的第一年和第二年在校学习，第三年到企业实践。到企业实践，就是将学生送到校外实训基地去，在企业专业技术人员指导下顶岗作业，并按照教学计划的规定进行毕业实践、毕业设计和毕业答辩。通过实施"2+1"人才培养模式，使学院的专业教育教学水平得到了全面的提升，保证了人才培养质量，毕业生受到了用人单位的普遍好评；同时，也得到了国家教育部和原建设部的重视和推广，在推进我国建设类高等职业教育事业的发展过程中起到了积极的作用。

2. "2+1"人才培养模式的特色

一是学生的职业能力得到了培养和提高。"2+1"人才培养模式中的企业实践是在学生完成二年校内学习任务之后进行的，此前他们已经在学校学习了相关的文化基础知识和专业课程，又经过了有关实习、实训的锻炼，已经初步具备了基本的职业能力。进入施工企业之后，经过企业技术人员的培养和实际工作的锻炼，能够较快地把学校所学的专业知识运用到实际工作当中，较快地实现了知识的转移与内化，同时又在实际工作中不断接受新的知识，使学生的技术应用能力和综合素质有了明显提高。

二是校企合作教育深度融和，实现了有效地利用企业教育资源的目的。学生在企业实习期间，除了在业务岗位进行顶岗工作之外，还要定期、分专题的接受企业有关技术人员的培训和讲座。由于企业的技术人员多年在生产一线工作，具有丰富的实践经历，掌握大量的新技术、新工艺、新材料的信息，可以根据学生的实习岗位和工程的具体情况开展有针对性的教育和教学活动，真正做到了有的放矢。学院一般都尽可能把学生安排在管理模式先进的大型企业中，安排在建筑市场发展健康的地区，以及具有代表性的大型工程项目中进行企业实践。由于这些大型建筑工程项目在设计理念、使用功能、结构形式、材料应用、施工方式和管理模式等方面均体现了当前我国建筑施工行业的最新潮流，学生在这些项目上实习开阔了眼界，增长了见识，得到了实际的锻炼和考验，在业务水平、岗位能力、综合素质等方面均有明显提高，实现了充分利用企业教育资源，学校教育与企业需求"零距离"对接的办学目标。

三是人才培养质量被企业认同，促进了就业工作。客观地说，作为专科层次的高职学生在学历方面并不占优势，如果毕业之后通过自荐的方式去推销自己，就不容易把本身内在的优势展现给企业，而企业也无法充分了解学生的潜质，这样将会使许多高职学生失去就业的机会。实际上，企业对在一线工作的技术及管理人才的需求量是很大的，但由于过去传统的用人制度没有给企业和学生双方提供充足的了解空间，用人单位只能通过供需见面会、面试等方式与学生接触，这种接触具有一定的偶然性和随机性，导致用人单位只重视学生的学历、学位和学习成绩等所谓的硬件条件，而无法考察学生的综合素质，致使高职毕业生在就业方面遇到了一些困难。实施"2+1"人才培养模式后，由于学生在企业实习的时间较长，既给企业搭建了一个考核学生综合素质的平台，也给学生提供了解企业的

条件。学院在抓好学生在校期间的专业知识学习的同时，还注重对学生综合能力的培养和爱岗敬业、吃苦耐劳、创新意识和团队精神的教育，使学生在进入建筑企业后经过一段时间的适应和提高，较快地进入了角色。由于培养目标明确、定位准确、学生的综合素质好、培养质量高，因此，毕业生容易被实习所在企业所接受。8 年来，学生在实习所在单位的就业比例都在 70％以上，极大地缓解了学生的就业压力，促进了学生的就业工作。建筑工程技术等重点专业毕业生的就业率一直保持在 98％以上。2007 年黑龙江省教育厅公布的全省高职高专院校初次就业率统计结果，黑龙江建筑职业技术学院为 93.52％，在全省高职高专院校中列前茅。

（二）四川建筑职业技术学院——"123"人才培养模式

四川建筑职业技术学院的人才培养模式具有与行业紧密结合的特点，并形成了分段模块式、订单式、项目（任务）驱动式以及"双证书"教育等多种有利于增强学生职业能力的教学模式。在总结以上教学模式的基础上，初步形成了施工（工作）过程导向的"123"人才培养模式。

1."123"人才培养模式的含义

1 个培养目标——培养"零距离"上岗的建筑施工一线的高技能人才；2 个培养场所——通过学校和企业两个场所培养学生职业能力；3 个培养阶段——前四学期为专业平台阶段，学习本专业的基本知识和技能，第五学期为专业方向能力强化阶段，根据学生就业岗位和市场需求进行专业分流，并针对职业岗位设置课程和教学内容，第六学期为企业实践阶段，通过半年以上顶岗实习获得初步工作经验。

2."123"人才培养模式的特色

一是充分体现了"就业导向"的职业教育原则，所培养的人才既有较为突出的专业特长，又具有一定的岗位适应性，深受用人单位欢迎；二是针对职业岗位，从职业岗位分析入手，构建基于施工（工作）过程的课程体系，并通过半年以上顶岗实习、有企业兼职教师指导的校内生产性实训以及推行"行动导向"教学模式等途径实施工学结合，使教学过程与学生职业能力形成过程高度吻合，学生在工学结合的教学过程中完成职业能力的训练。

这种人才培养模式具有与行业紧密结合的特点，形成了分段模块式、订单式、项目（任务）驱动式以及"双证书"教育等多种有利于增强学生职业能力的教学模式。该校将按照"校企合作、工学结合"的原则，完善"123"人才培养模式，通过进行与之高度匹配的课程体系与教学内容改革，实现教学过程与职业能力形成过程的高度吻合，突破了学生职业能力培养的瓶颈，有很强的示范作用。

（三）江苏建筑职业技术学院——"一主线，两阶段、三层次、多方向"人才培养模式

1."一主线，两阶段、三层次、多方向"人才培养模式的含义

"一主线"是以职业能力培养为主线；"二阶段"是第一阶段培养职业岗位群共有职业技能，第二阶段培养某一岗位特有的职业技能；"三层次"是指技能训练分为通用技能、单项技能、综合技能；"多方向"是根据毕业班学生的就业岗位意向，有针对性地加强某一岗位技能训练，提高毕业生的岗位适应能力。

2."一主线，两阶段、三层次、多方向"人才培养模式的特色

一是该模式办学通过依托江苏建筑职教集团，根据企业需求为其培训员工、订单培养学生，企业为学院提供顶岗实习和就业岗位，优先选择毕业生，并参与学院人才培养工作，初步形成了教学与生产紧密结合、学校与企业互惠双赢的"校企联姻，产学合作"的办学模式，为学院进一步深化人才培养模式改革，实施工学交替打下了良好的基础。学校与江中建筑集团、枣庄矿务集团第四工程处等企业合作订单培养130余名学生。

二是该模式办学通过依托江苏建筑职教集团平台，与江苏省建筑企业建立广泛的校企合作；以企业为主导确定专业人才培养目标和培养规格，根据建筑业特点，构建"三学期工学交替"的人才培养模式；以职业岗位（群）的岗位能力分析为依据、以职业岗位工作任务为载体、以工作过程为导向构建"工学交替"课程体系；将校内技能训练和企业真实职业环境下实训有机结合；以学生为主体，教师为主导，构建"教学做"合一教学模式，以项目为引导构建"学做"合一团队学习模式。

第二节　高等职业教育教育考核评价现状

一、考核评价的主要意义

目前，随着高等职业教育的不断实践和发展，以就业为导向的观念不断深入人心，国内高等职业院校对如何提高人才培养质量，真正实现和发挥我国高等职业教育的作用，展开了一系列有益的思考和探索。主要表现在以下几个方面：一是不断深化"工学结合、校企合作"的办学模式；二是不断改革人才培养模式；三是根据区域、行业和本校的实际情况，开展专业调研，明确专业人才培养定位标准；四是重视大学生职业能力的训练和培养，构建职业能力考核评价体系。因此，如何开展科学有效的职业能力考核评价这一课题也越来越得到国内各高等职业院校的重视。

（一）人才培养的需要

传统的百分制评价一般形式是书面评价，目前我国职业院校评价学生学业成绩仍主要采取纸笔形式，即便是职业资格证书考试，也主要应用纸笔测验，这种评价模式过于偏重学术性学习的结果，很少顾及被评价者的实际工作能力，其缺陷十分明显，那就是所评价的主要是学生对知识的掌握状况，而不是技术实践能力，学生上课记笔记，考试前背笔记，甚至考试时抄笔记，最终导致只会理论不会操作，这与高职教育人才培养目标相背离。我们构建新型的职业能力考核评价体系，是努力评价"能做什么"而不是"知道什么"，力图把"能力"而不是"书面知识"作为评价对象，这有利于促进《建筑工程技术》专业学生重视工作本位学习，可提高学生的实际工作能力。

（二）教学改革的需要

新型的职业能力考核评价体系的重要特点是全过程考核学生的能力，以追求真实性的评价，这也是职业教育评价的发展趋势，这就需要每门课程的任课教师不断地结合课程内容设计实践性问题。实践性问题既不是教材中的思考题，也不是从事理论研究而提出的学术问题，而是产生于工作实践，需要在工作实践中进行思考的问题。实践性问题的设计对高职教师的课程教育理念、课程内容顺序、课程讲授方法、课程讲授环境均发出了挑战。

（三）企业用人的需要

构建新型的职业能力考核评价体系要建立在企业广泛调研的基础上，将行业、企业认为必需的核心专业职业能力进行分解和定位，研究核心职业能力的标准，制定核心职业能力的评价手册。因此，构建新型的职业能力考核评价体系能体现行业、企业对《建筑工程技术》专业人才的需要，使人才培养的质量符合行业、企业标准。

（四）学生发展的需要

一般说来，职业教育的培养对象，主要具有形象思维的特点，与普通学校的学生相比，他们是同一层次不同类型的人才，没有智力的高低之分。构建新型的职业能力考核评价体系可以改变以往的强调抽象思维的考核内容，而重点考核学生的动手能力，这对于形象思维活跃的学生而言可起到很大的激励作用。通过专业职业能力考核评价体系构建与实施，能较为客观真实地对学生实际能力进行评定，这为用人单位根据企业自身需要找准合适的人才提供了较为充分的平台，也为学生真正了解自己的特长和优势找出了依据，更好地找准自己的就业定位。

二、考核评价的主要模式

（一）国内的高等职业教育考核评价体系

1. 就业导向能力主线考核评价模式❶

辽宁林业职业技术学院在长期的教学改革和实践过程中，探索构建了以就业为导向，以培养学生实践能力为主线的高职教学考核评价模式。

（1）就业导向能力主线考核评价模式的理念

一是实行学分制教学，严格加强学籍管理。学院实行学分制，使学生在学习中有更大的自主性和弹性，能利用更多的空余时间进行工学结合，激励广大学生学习的热情，引导学生参与到实践能力的学习上去。同时，采取学业退出机制，严格学籍管理，严肃留降级制度以及"首次补考后专业主干课不及格（或无成绩）累计达到3门予以退学"等专门强化专业能力培养的有关规定。

二是突出实践能力考核，加强综合实践、顶岗实习环节的教学和考核。学院十分注重对学生实践能力和操作技能的考核，将所有单独进行的实习均作为一门独立的课程进行考核。在考核的过程中，将实践操作能力的考核作为实习考核的重中之重，占实习课程考核总成绩的70%。同时，强化学生在综合实习实训、顶岗实习等环节的考核，由实习单位师傅直接参与考核评价工作。

三是加强职业技能考试管理，实行双轨考核制。学院实行将理论课程考核和职业技能考核相结合的考试机制，与国家职业资格证书制度接轨。作为以林业行业为主的高等职业技术学院，将与林业有关的职业技能鉴定培训项目作为课程体系改革的重要模块列入专业教学计划，加强对这方面职业技能鉴定项目的考核工作。

四是根据施教对象不同，实施分层次评价和发展性评价。学院根据学生程度不一的现象，根据施教对象的不同程度，分层次进行有针对性的教学和培养，极大促进了教学的有效性。例如在英语教学中实行分层教学和分层考核。在公文写作、演讲与口才等通识课程中实行"过程评价法"、"口头考核法"等。

---

❶　徐岩，吕久燕. 构建就业导向能力主线的高职教学考核评价模式——以辽宁林业职业技术学院为例. 辽宁高职学报，2009，7.

五是注重考核评价的反馈，发挥考核评价的动态调控作用。学院对各门课程都实行严格的分析评价制度，对学生掌握知识和技能的情况进行总体分析和评价，根据实际教学效果，有针对性的调整教学策略和方法，切实发挥考试的质量调控功能。

（2）就业导向能力主线考核评价模式的方法

一是建全实践技能及综合实训项目的教学大纲和指导文件，完善每个实践技能及综合实训项目的考核标准。对所有的实践技能及综合实训项目均明确了项目名称、训练目标、训练任务、训练内容、训练方法、训练时间、训练效果要求、训练标准等。

二是采取多样的考核评价手段，提高考核结果的客观正确性。针对学院是以园林、林业类专业为主，这些专业课程的实践性较强，因此在课程考核中强调对实践技能的考核。同时，采用丰富多样的考核评价手段，既增加了学生的学习兴趣，又检验了实际教学效果。例如，园林制图课安排学生测绘校园前庭的绿化广场，绘制广场的总平面图、植物种植图，测量有代表性的园林建筑，绘制它的平面、立面、剖面及效果图。这样的项目作业，既是教学内容，也是综合实践能力考核的实质性内容。

三是加强信息化管理，对学院重点课程均逐步建立完善课程试题库，提高了考核的客观性和公正性。

（3）就业导向能力主线考核评价模式的实践

一是根据各门课程教学目标和能力培养目标的不同，分别制定不同的考核评价方案。理论课程的考核以笔试为主；实践课程的考核以操作技能考核为主；课程设计的考核以成品的指标测试考核为主。

二是根据各门课程教学特点的不同，分别采用不同的考核评价形式。对教学过程较长的课程，将过程考核和总结考核相结合。过程考核包括协作精神、出勤状况、操作规范、各类学习活动（实训、课程设计、社会调研）报告完成情况等。对以设计能力为主的课程，在考核过程中，考前公开考核方式和能力型试题，允许学生现场查阅资料、数据，如园林工程、设计初步等课程的考试。对以动手能力为主的课程，采用现场考试的方式，如扦插、插花等实训课程，都是直接面对操作对象在现场中进行实践部分的考试。

2. 课题任务考核评价模式❶

北京电子科技职业学院根据生物技术应用等专业的人才培养特点，结合高职学生动手能力较强，热衷实践操作，不喜理论学习的实际，在该类专业中构建并实施了课题任务考核评价模式，深受学生的欢迎，激发了学生的学习潜能，提高了学生的实践动手能力，达到了考核评价的目的，取得了较好的教学效果。

（1）课题任务考核评价模式的理论

即是实际应用背景的课程，课程考核以完成课题任务的考核时限完成。每门课程设有2～3个课题任务，对这些课题任务实行连续评价，在完成课题任务的过程中接受理论知识和技能的进一步教育和培训，在连续滚动的课题任务完成过程中，完成教学目标的实现，使学生掌握理论知识和操作技能。每个课题任务由教师设计、布置、指导、评价、反馈；学生以组为单位自主完成。课题任务考核完成后，将考核评价结果反馈给学生，以便促进学生在下一个课题任务的考核中得到改进和发展。

---

❶　马越，虞未章，谢梅英，徐晶．高职课程考核评价方法改革的实践与探索．中国职业技术教育，2006，19.

（2）课题任务考核评价模式的实践

首先，教师根据课程理论知识教授和操作技能掌握要点，进行任务课题选题，将本门课程学生所需掌握的主要知识和关键技能，通过 2～3 个课题任务予以充分实现，使得课题任务的考核评价能反映学生掌握该门课程知识和技能的整体情况，并体现一定的科学性和客观性。其次，根据每个课题任务所需考核的知识点和能力要素，进行课题任务考核任务书的设计。再次，充分发挥学生学习的主动性，组织学生开展各类学习活动，如参观调研，收集信息资料，展开交流讨论，实验实施，撰写、修改课题任务考核报告等，使学生在教师的指导下，独立完成课题任务，提交课题任务考核报告。最后，对课题任务的最终成果，如报告、论文、检测结果、提案、演讲、定向设计、艺术作品、产品等予以考核评价，将考核评价结果反馈给学生。

3. "以人为本，发展性评价"课程考核评价模式❶

潍坊教育学院机电与信息工程系根据机械电子等专业实践技能操作占课程较大比重的特点，利用多模块、多形式、多手段的方法，对学生采用发展性考核评价，取得了较好的效果。

（1）"以人为本，发展性评价"课程考核评价模式的理论

一是实施多元模块课程考核评价。多元模块课程考核评价是指理论知识模块考核＋实践技能模块考核。理论知识模块以闭卷为主，间或采用开卷考试、论文答辩、行业调查报告等形式；实践技能模块以过程性考核为主，间或采用实验设计、课程设计、创新设计等形式。

二是实施多样化课程考核评价。考核方式要采用多样性，除传统方式笔试以外，还需采用口试、答辩、讨论、实操等多种考核方式，增加考核评价的客观性和准确性。

三是实施多种手段的课程考核评价。如利用网络手段实现模拟和仿真加工的考核，利用机械设备手段可实现机械零部件的加工和装配考核，利用实验手段可实现对机电产品的设计、验证和考核等。

（2）"以人为本，发展性评价"课程考核评价模式的实践

以《机械设计》课程为例，该门课程考核评价方案如下：

①模块构成

总成绩（100%）＝理论基础知识模块（20%）＋实践操作与知识应用能力模块（60%）＋教学参与程度模块（20%）

②考核方法

《机械设计》课程考核评价方案见表 1-1。

《机械设计》课程考核评价表　　　　　　　　　　　　　　　　表 1-1

考核模块	考核方式	考核指标	指标比重	考核要点
理论基础知识模块（20%）	课堂答辩	基础理论	60%	学生基本理论
		理论应用	40%	学生解决实践问题的能力

❶　赵庆松，刘绪文．对高职机电类课程考核评价方法的初步探索，潍坊教育学院学报．2008.3.

续表

考核模块	考核方式	考核指标	指标比重	考核要点
实践操作与知识应用能力模块（60%）	利用计算机实现机械设计	知识合理性能力	30%	学生对基本理论和方法的正确应用程度
		搜集资料能力	20%	所搜集资料的完整性、难易程度和资料的可用性
		分析能力	30%	分析问题的合理性、严谨性
		软件应用能力	20%	熟练使用 CAD、UG 等设计软件的能力
		创新设计能力	5～10 分	作为奖励分数，对创新设计者给予适当加分
教学参与程度模块（20%）	过程性考核	课堂参与情况、到课率	50%	学生的学习态度、意识等
		完成作业情况	50%	实验、作业完成的质量及认真程度

4. 高职教育等级制考核评价模式[1]

青岛职业技术学院在长期的教学实践和探索中，针对文科类和管理类专业的特点，提出了高职教育等级制考核评价模式。

（1）高职教育等级制考核评价模式的理论

部分文科类、管理类专业的课程，要求学生掌握基本技能和综合素质，这类基本技能和综合素质很难用精确的百分制成绩予以评价。因此，等级制考核评价模式是改变传统的百分制精确性的评价方式，运用"优、良、中、及格、不及格"模糊性的评价方式。同时，它不是百分制的简单转化，而是要从根本上打破传统的终结性、单一性学科知识检测的考核方式，实施全新的过程性、多样性工作能力检测的考核方式。

（2）高职教育等级制考核评价模式的实践

以《酒店公关》课程为例，该课程总课时为 24 课时，教学周共 6 周，考核形式分个人及小组参与两种方式，评价由教师评价、学生互评两种方式构成。该课程考核评价方案见表 1-2。

《酒店公关》课程考核评价表　　　　　　　　　　　　　　　表 1-2

考核阶段	考核主题	考核方式	考核能力	考　核　标　准
第一阶段（1～2 周）	酒店公关大家评	老师举例，学生个人评价	学生的酒店公关分析能力、理解能力	（1）基本评定法：评或说各一次并且参与两次活动，及格（2）机动评定法：在前一基础上，评或说每增加一次，提升一级（3）特殊奖励法：在小组活动中，取得本班第一名的组，组长可获得优，组员提升一级
第二阶段（3～4 周）	酒店公关大家说	学生个人举例并总结	学生的酒店公关信息处理能力、表达能力，知识运用能力	
第三阶段（5～6 周）	酒店公关大家做	学生分组策划公关活动并展示	学生的酒店公关实践能力、合作能力、沟通能力、交际能力等	

[1] 张慧敏. 高职教育等级制考核评价方式探索与实践. 青岛职业技术学院学报，2007.6.

（二）国外的教育考核评价体系

1. 美国的教育考核评价体系

（1）课程嵌入式评价法❶

20 世纪 90 年代以来，美国的中等规模公立大学中普遍使用一种评价方法，即课程嵌入式评价法，课程嵌入式评价法是以通识课程教学为基础，教师以一种不受外界干扰的、系统化的方式，对学生作业按课程目标各个方面来评出等级，以此来衡量学生学习效果的过程。

推行课程嵌入式评价法的目的主要有两个，一方面是在推行课程嵌入式评价中可以使教师的教学价值观与学校通识教育目标保持一致和谐性，在潜移默化中增加教师的课程评价知识；另一方面由于评价过程是由教师主导的，是课程权力向教师的下放，增加了教师的主人翁感，对教师产生很大的激励作用，这都有利于大学教师的发展。推行课程嵌入式评价法还有其他目的，如：为了发展能提高学生学习绩效的适用于多个教学情境的教学模式；为了加强各院系之间教师的交流等。

推行课程嵌入式评价法的优点主要有两个：一是评价过程和根据评价来改进"教"与"学"的过程，是由教师来掌握的，而不是被行政管理人员或是某个外部的代理机构掌握。二是收集和分析数据的方式非常灵活，能适用于多门学科、多个学院，因此学校所有通识教育课程的评价能采用同一个计划。

（2）行程考核❷

行程考核主要是对学生的学习过程进行考核。在整个教学过程中，不断对学生评价，确定对知识的掌握程度。如通过小测验来测试学生对所学知识的掌握程度；通过观察学生的学习情况，了解学生学习中的一些困难；通过讨论、演讲提高学生的学习兴趣，锻炼学生的表达能力；一分钟作文则用来了解一堂课学习的结果，以便教师及时调整教学内容和方法，具体形式有小测验、观察学生学习情况、讨论等。

（3）总结考核

总结考核主要是围绕教学目标，考核学生的分析问题、综合处理问题的能力以及书面表达能力。比如通过个人作品组合，可以看到学生是否进步；通过小组作业，培养学生团队精神；通过小组内互相打分，考核学生的评价能力等，具体考核形式有个人作品组合、实际操作表现、课堂小组作业、实验报告、专业资格考试等。

2. 英国的教育考核评价体系❸

20 纪 90 年代起，英国政府为了应对日趋激烈的人才竞争，开始在国内制订和试行国家职业资格证书制度（NVQS 制度），即按国家制定的职业技能标准或任职资格条件，通过政府认定的考核鉴定机构，对劳动者的技能水平或职业资格进行公正、科学地评价和鉴定，对合格者授予相应的国家职业资格证书。改革后的 NVQS 制度旨在为国家提供具有"核心职业能力"的优秀劳动力，对评定环节做了重点改革，把评定作为"搜集证据并判

---

❶　史彩计．美国大学通识教育评价的一种方法：课程嵌入式评价法．黑龙江教育（高教研究与评估），2006，10.

❷　孔德瑾，姚晓玲．浅谈美国和加拿大的教学模式、考核及方法．山西财政税务专科学校学报，2007，6.

❸　张继明．英国 NVQS 制度以及对我国职业教育考核的启示．河北大学成人教育学院学报，2009，3.

断证据是否符合操作标准的过程"。

英国国家职业资格评定的基本程序

第一步，确定能力要素及操作标准。英国国家职业资格体系内共有五个级别的资格，资格申请者需要从低到高逐次获得。例如，一级资格下的工作多是日常重复性的、可预见的；而五级资格则具备在不可预见的环境里从事涉及范围相当广的基础原理和复杂技术应用的工作能力。每个国家职业资格平均由若干个能力单元组成，而每个能力单元又通常由多个能力要素组成。"能力要素及其操作标准"、"标题"和"能力单元"三者构成了每个级别的国家职业资格证书。能力要素描述了在某一具体职业领域的劳动者能做的事，操作标准是关于操作具体要求的说明，确定恰当的能力要素和操作标准是搞好资格评定的关键。能力要素和操作标准由"主导工业机构"（Lead Industry Bodies，LIBs，由在某些工业领域和职业、专业领域，有责任提出资格要求的雇主和雇员组成）根据对当今就业要求的分析来制定。

第二步，确定证据材料的形式和数量。国家职业资格体系是一个分层次的综合性资格体系。从内容上看，国家职业资格体系分为特殊、普通职业资格；从水平看，则分为五个由低到高的级别。不同种类、级别的国家职业资格的评定标准是不同的，评定所需要的证据材料的形式、数量也不同。一般来说，资格的级别越高，所需证据材料的数量也越大；普通职业资格的证据材料形式以口头和书面回答为主，而特殊职业资格则以现场工作表现为主。

第三步，证据材料收集。包括有关工作表现的证据、辅助性证据和有关以往学习成就的证据。其中，获得工作表现证据一般通过在工作现场的评定，包括对受培训者在自然工作状态下的工作表现的考察，对受培训者在模拟工作情境中的能力测试、熟练度测试和指定作业等。模拟的工作情境要尽可能反映复杂多变的工作条件。借以评定行业工作能力的场所有着严格标准，需经过国家职业资格颁证机构的标准评估，如具备受过培训的评定者、地方评定中心内部的检验者，能够胜任记录评定、把信息传递给颁证机构等任务。为了进一步确定受训者的技能迁移能力，在搜集受训者工作表现证据时，还要通过提问、开卷笔试、多项选择考试等方式来获得评定受训者知识与技能水平的补充证据，检查是否理解工作一般原理，以及如何调整其操作以适应情境变化。有关以往学习成就的证据在资格评定中起着重要作用，包括产品或制成品、文献报告及经过认可的成绩证明等。

第四步，判断证据材料是否符合每一能力要素的操作标准。一般而言，资格评定者往往是生产第一线的指导者。资格评定能否按标准严格进行，资格评定能否通过，很大程度上取决于评定者。由于资格评定关系到劳动者素质与资格证书的发放，进而影响到产品的质量和公司、行业利益，因此资格评定者都严格按标准行事。但为了从严把关，每个地方评定中心内部都配有检验员，负责检查评定是否按标准进行。此外，职业资格证书的颁证机构也会对资格评定工作进行监督和检查。

3. 加拿大的教育考核评价体系❶

实行弹性学分制，学生由课程管理，课程由教师负责。通常每门课程的授课教师会在第一次课上告诉学生本课程的教学大纲、教学要求和成绩评判的标准。最后的成绩可以用

---

❶ 何晓春．加拿大里墨斯基大学考试考核体系对我们的启示．职业教育研究，2006，5.

A、B、C、D、E 五个等级来确定，也可以用 5.0、4.0、3.0、2.0、1.0 来确定，或者用通过（P）、不通过（F）来确定。总成绩由平时作业、测验、阶段考试、小课题或小论文以及期终考试成绩组成，各部分所占比例因课程和授课教师不同而不同。虽然授课教师可以决定一名学生是否通过了该课程并取得相应学分，但成绩评定的标准是透明的，因而学生从一开始就明确了学习的方向和必须完成的任务。

非常重视平时成绩，平时成绩包括作业、测验、阶段考试等，平时成绩占总成绩的 20%～30%。由于里墨斯基大学是规模不大的学校，所以它的教学以小班课为主，教师每天到校，除了教学工作以外，还要负责解答学生的问题。他们重视平时的训练，平时的测验很多，一个单元或章节结束后都要考试，所以在学期结束之前往往要考十多次，对于一些高年级的专业课程，要求学生独立完成几篇小论文，还要进行小组讨论，共同完成小课题。在这些平时的训练中，教师既要求学生掌握基本概念，又要求学生具有独立思考的能力，还培养他们相互协作、集体研究的能力。通过了这么多的平时训练，有了这么多的平时成绩，期终考试成绩自然不必占太大的分量。

4. 澳大利亚的教育考核评价体系❶

TAFE 课程的考核评估称为"评估"（Assessment），与我国经常使用的课程考核或课程考试在概念上是类似的（以下统一称为"评估"）。TAFE 课程评估属于"能力本位评估"，主要围绕每一种能力中三个关键能力范围：技能、知识、态度进行评估。技能是指按照行业标准完成某项工作任务的能力；知识指按照行业标准完成某项工作任务的相关理论知识；态度指按照行业标准和工作场所的规定，以安全、有效的行为方式去从事某项工作任务。在澳大利亚国家培训和评估体系中，根据国家行业标准，如果一个人能够连贯、一致地展示出完成某项工作任务所应具备的能力、知识、态度，那么这个人就可以被评估为合格。能力本位的评估是澳大利亚国家职业培训和评估体系的核心。以能力为本位的 TAFE 课程评估体系主要由评估者、被评估者、标准、企业和雇主、TAFE 院校（RTO）、评估运行等几个方面构成。TAFE 教师（评估者）根据国家标准对 TAFE 学员（被评估者）进行具体的能力本位的课程评估（评估运行）。"被评估者"参照"标准"进行学习培训并接受评估；"评估者"根据"标准"和评估指南对被评估者进行评估；"评估的运行"取决于评估者、被评估者、标准，评估者代表"TAFE 学院"进行课程评估工作；被评估者最终要满足自身与企业和雇主的需要。

课程的考核评估是在澳大利亚国家培训框架（简称 NTF）下运行的，这个框架由澳大利亚质量培训框架（AQTF）、培训包（TPs）、澳大利亚资格框架（AQF）三大部分组成。课程的考核评估必须符合评估的标准，这个标准要与 AQTF、TPs、AQF 的规定一致，主要体现以培训包中的能力标准为依据。培训包原来由澳大利亚国家培训部（ANTA）下的行业培训顾问委员会（ITABS）开发，现在由澳大利亚教育、科学与培训部（DEST）下的国家行业技能委员会（ISCs）开发，通过 DEST 审定批准后颁发并在全国实行。每个培训包都由若干个能力单元组成，培训包必须包括三个基本组成部分：能力标准、评估指南、资格框架。每个课程都有"能力要素"、"行为标准"、"证据指南"等。培训包中的"能力标准"和具体课程中"能力要素"、"行为标准"是具体课程评估的标准，

❶ 江荣华．澳大利亚 TAFE 课程考核评估的体系和特点．中国职业技术教育，2006，7.

"评估指南"和"证据指南"是实施课程评估的依据。此外，还有一系列针对培训包的评估辅助资料，这些资料针对性很强，对具体的课程考核评估有重要的帮助作用。

5. 德国的教育考核评价体系❶

德国在职业教育中实施双元制培训。在接受双元制培训过程中，考生在行业协会监督下进行两次考试，第一次是在学习2年左右时的考试，又叫中间考试，第二次是学习结束时的结业考试。这两次考试都分别由两类考试组成，即培训毕业考试和职业资格考试，产生两类证书，即培训毕业证书和职业资格证书。该类考试的考核管理制度由国家立法监督，行业企业联合学校实施。通过国家制定框架立法监督，由行业协会、企业联合学校共同组织实施，构成西方发达国家通常的职业考核管理制度。

德国行业协会在职业资格体系中具有主导地位。国家通过制定有关法律法规明确职业资格制度的内容框架，各有关行业协会不仅对承担培训的企业的资格进行认证，而且还负责确定不同职业的培训时间，负责审查培训企业与受培训者之间所签订的培训合同，负责职业资格认证的考务管理和考试具体安排，负责资格认证后合格证书的发放等。由雇主、雇员和学校三方代表共同组成的考试委员会负责执行具体资格认证事务。

三、考核评价的主要问题

虽然目前国内各高等职业院校对职业能力考核评价体系的构建与实践进行了一些探索，也构建了一批初步实践有效的考核评价体系，但总体而言，我国高等职业教育的能力考核评价体系还不够完善，考核评价标准不够清晰，考核评价方法不够科学，考核评价亟需改进。

（一）考核认识相对欠缺——重教学轻考核

对高等职业教育职业能力考核评价的重要性认识不够，就目前的教学改革而言，大多数高职院校把精力主要集中在精品课程建设、自主教材开发、师资队伍培养、实验实训基地建设等方面，专项对某个专业的职业能力考核评价体系的构建和实践的高职院校并不很多，职业能力的考核评价体系的构建和实践尚处于起步阶段。

（二）考核观念相对落后——重理论轻实践

高等职业教育对职业能力的考核评价观念相对落后，对高等职业教育职业能力考核评价的理论学习不够，大部分高职院校的职业能力考核评价改革还停留在传统阶段，对学生的考核评价只停留在理论教学阶段，相对比较忽视实践环节的考核评价，尤其是认识实习、顶岗实习等校外实践实习教学环节，由于大部分的教学都在校外完成，考核评价更是难以科学、量化、如实、有效地完成。

（三）考核内容相对片面——重结果轻过程

目前的职业能力考核评价体系只针对学生的最后考核结果作出评价，而往往忽视了过程考核，尤其是高等职业教育更注重培养学生的职业精神，如吃苦耐劳、团队协作、严谨认真等精神，这些都需要在过程考核中予以评价。

（四）考核手段相对陈旧——重笔试轻操作

常用的考核评价方法就是笔试，但笔试这种考核方式具有一定的局限性和片面性，尤其就高职院校而言，注重培养学生的动手操作能力，很多能力的培养难以用笔试这种方式

予以考核。因此，需要进一步研究考核评价的手段，可以利用一些先进技术和媒体，开发多种样式的考核评价形式，如实操、机考、面试、模拟等手段，激发学生的学习兴趣和积极性。

（五）考核作用相对无效——重评价轻反馈

考核评价的根本目的是为了更好地开展教学和学习，大多数高职院校的考核评价待到形成考核结果，整个教学环节就结束了，这对人才培养和教学改革是极其不利的。考核评价结果应该向教师、学生、教研室、系部进行反馈，以便使教师、学生、教研室、系部及时发现教学和学习过程中存在的问题，采取有效措施进行改进，促进教学和学习质量的不断提高。

（六）考核标准相对不全——重应用轻调研

要构建某个专业科学有效全面的考核评价体系，前提是对该专业进行广泛的调研，调研要面向社会、行业和企业，使得对专业的人才培养定位有清晰的认识，对该专业的职业能力构成有明确的分解。在正确进行职业能力分解的前提下，才能对各职业能力进行逐一标准定位，制定考核的标准和方法。

第二章 专业的调研
——建设类高职院校建筑工程技术专业办学现状

第一节 专业办学情况

建设类高职院校为我国高职院校体系中具有鲜明特色的院校,该类院校在我国高职院校体系中占有举足轻重的地位。随着我国高职教育事业的不断发展,建设类高职院校也取得了长足的进步。

建设类高职院校是指以建筑工程类专业为主体,以培养面向施工一线的工程技术人员为主要目的高职高专院校。其中建筑工程主要指城市建设、工业民用建设等,不含独立设置的铁路建设、矿山建设等其他相关高职院校。

一、办学数量分析

根据教育统计数据,目前国内独立设置的高职院校共有1207所,其中建设类高职院校26所。国内只有北京市、吉林省、海南省、贵州省、安徽省、西藏自治区、福建省、云南省、陕西省等9省区市没有独立设置的建设类高职院校,其他各省区市至少有一所独立设置的建设类高职院校。具体分布见表2-1。

建设类高职院校地区分布统计 表2-1

地　区	数　量	地　区	数　量
浙江	2所	江苏	1所
重庆	1所	天津	2所
新疆	1所	上海	2所
四川	1所	山西	1所
山东	1所	青海	1所
宁夏	1所	内蒙古	1所
辽宁	1所	江西	1所
湖南	1所	湖北	1所
黑龙江	1所	河南	1所
河北	1所	广东	2所
广西	1所	甘肃	1所
北京	—	吉林	—
海南	—	贵州	—
安徽	—	西藏	—
福建	—	云南	—
陕西	—		

二、办学渊源分析

全国独立设置的 26 所高职院校，从办学历史来看，以浙江建设职业技术学院、黑龙江建筑职业技术学院、四川建筑职业技术学院、江苏建筑职业技术学院、内蒙古建筑职业技术学院等为代表的一批职业技术学院，其前身均为新中国成立初期设置的中等建筑职业技术学校，均在 20 世纪末 21 世纪初，根据国家大力发展高等职业的精神，升格成为独立设置的高等职业技术学院，其中也有部分院校为企业根据需要独立设置的高职院校。其中 24 所为中专升格为独立设置的高职院校，其中 2 所为企业根据需求创办的高职院校，但其建校基础也为中专学校，其中 2 所学校为原行业培训学校转制成为高等院校，以中专为前身的高职院校占了全部的 92％。具体情况见表 2-2。

建设类高职院校办学渊源统计分析表   表 2-2

地区	数量	办学渊源	地区	数量	办学渊源
浙江	2 所	1 所中专升格 1 所企业办学	天津	2 所	1 所中专升格 1 所企业办学
广东	2 所	1 所中专升格 1 所企业办学	上海	2 所	1 所中专升格 1 所企业办学
重庆	1 所	中专升格	江苏	1 所	中专升格
新疆	1 所	中专升格	山西	1 所	中专升格
四川	1 所	中专升格	青海	1 所	中专升格
山东	1 所	中专升格	内蒙古	1 所	中专升格
宁夏	1 所	中专升格	江西	1 所	中专升格
辽宁	1 所	中专升格	湖北	1 所	中专升格
湖南	1 所	中专升格	河南	1 所	中专升格
黑龙江	1 所	中专升格	甘肃	1 所	中专升格
河北	1 所	中专升格	广西	1 所	中专升格

独立设置的建设高职院校从其办学渊源而言，更多得继承了原中专办学的历史和办学传统，这种传统对于办好高等职业教育具有重要的历史价值和现实意义。对于专业和行业了解，以及行业千丝万缕的联系更是其办学的重要依托。

三、办学时间分析

因大部分独立设置的高职院校其前身均为中专院校，因此均具有较长的专业办学历史，大部分院校的办学历史可追溯到二十世纪五六十年代。但其开办高等职业技术教育的时间较其办学历史而言则显的短得多，大部分院校的高职办学历史均起于 20 世纪 90 年代末，至今不过短短十数年而已。长期的办学历史和较短的高职办学经历是所有独立设置的建设类高职院校的共同特点，而这一特点也必将深刻地影响到此类学校在专业办学中的特色形成和发展。26 所独立设置的建设类高职院校具体的办学历史和高职办学时间统计分析见表 2-3。

建设类高职院校办学时间统计分析　　　　表 2-3

学　校	学校举办时间	高职举办时间	学　校	学校举办时间	高职举办时间
甘肃建筑职业技术学院	1958 年	2001 年	青海建筑职业技术学院	1978 年	2002 年
广东建设职业技术学院	1979 年	2001 年	山东城市建设职业学院	1980 年	2001 年
广西建设职业技术学院	1958 年	2002 年	山西建筑职业技术学院	1952 年	2001 年
广州城建职业学院	1960 年	2007 年	上海城市管理职业技术学院	1956 年	2001 年
河北建材职业技术学院	1978 年	2001 年	上海建峰职业技术学院	—	2002 年
河南建筑职业技术学院	1958 年	2002 年	四川建筑职业技术学院	1956 年	2001 年
黑龙江建筑职业技术学院	1948 年	1998 年	天津城市建设管理职业技术学院	1978 年	2006 年
湖北城市建设职业技术学院	1978 年	2002 年	天津国土资源和房屋职业学院	1973 年	2001 年
湖南城建职业技术学院	1958 年	2003 年	新疆建设职业技术学院	1958 年	2002 年
江西建设职业技术学院	1958 年	2002 年	江苏建筑职业技术学院	1979 年	1999 年
辽宁建筑职业技术学院	1982 年	1999 年	浙江广厦建设职业技术学院	—	2002 年
内蒙古建筑职业技术学院	1956 年	1999 年	浙江建设职业技术学院	1958 年	2002 年
宁夏建设职业技术学院	1978 年	2002 年	重庆建筑工程职业学院	1978 年	2007 年

四、办学规模分析

26 所独立设置的建设类高职院校经过数十年的发展，根据各地区的经济生活发展和教育事业发展的不同，办学规模也呈现出不同的发展形势。不同的发展形势也确定了各建设类高职院校在办学特色方面的差异。其中以浙江、江苏、天津、广东、上海等为代表的东南沿海地区的院校，发展规模较大，办学特色鲜明；以四川、湖南、湖北、黑龙江、内蒙古等为代表的院校则依托本地区较为庞大的人口资源和教育优势取得了长足的进步；以甘肃、宁夏、青海、新疆、广西等为代表的西部欠发达地区的院校，则因当地经济社会发展的滞后，在办学规模、特色等方面也存在一定的缺陷。办学规模和办学特色并一定存在必然的联系，但是办学规模对于办学特色的形成具有举足轻重的意义。建设类高职院校办学规模统计分析见表 2-4。

建设类高职院校办学规模统计分析（数据时间截止至 2010 年）　　　表 2-4

学　校	办学规模	学　校	办学规模
甘肃建筑职业技术学院	3400 人	青海建筑职业技术学院	250 人
广东建设职业技术学院	5200 人	山东城市建设职业学院	8000 人
广西建设职业技术学院	8000 人	山西建筑职业技术学院	9000 人
广州城建职业学院	14000 人	上海城市管理职业技术学院	5000 人
河北建材职业技术学院	8500 人	上海建峰职业技术学院	3500 人
河南建筑职业技术学院	5000 人	四川建筑职业技术学院	14000 人
黑龙江建筑职业技术学院	12000 人	天津城市建设管理职业技学院	5000 人
湖北城市建设职业技术学院	9300 人	天津国土资源和房屋职业学院	6000 人
湖南城建职业技术学院	8000 人	新疆建设职业技术学院	5000 人
江西建设职业技术学院	4000 人	江苏建筑职业技术学院	13000 人
辽宁建筑职业技术学院	3100 人	浙江广厦建设职业技术学院	10000 人
内蒙古建筑职业技术学院	8800 人	浙江建设职业技术学院	7000 人
宁夏建设职业技术学院	4000 人	重庆建筑工程职业学院	5000 人

五、专业办学分析

建筑工程技术专业的办学历史在各独立设置的建设高职院校中均较为悠久，其专业名称虽多次更改，但其办学历史却一直没有间断。该专业一直以来在各院校中均作为主干专业存在。在早期办学过程中该专业名称并不统一，2007 年教育部颁布高职高专专业指导性目录以后，各院校先后将专业名称统一为建筑工程技术专业。

教育部 2007 年颁布的高职高专专业指导性目录中，建筑工程技术专业归属于土建大类土建施工分类。建筑工程技术专业为建设类高职院校的主流专业，该专业在所有建设专业中具有基础性地位，基本所有建设类高职院校均开设了此专业，且专业招生规模较大。

第二节　专业调研情况

建设类高职院校建筑工程技术专业办学特色比较研究因其本身课题研究具有一定的规模和数量，因此研究方法只能采用个案横向比较的方法，选取具有代表性的院校进行横向比较，以研究这类院校共同的办学特色及其自身的特色。

通过比较研究，既要全面分析建设类高职院校建筑工程技术专业的共同的办学特色，又要分析具有典型代表性的个案的办学特色，在研究分析过程中做到点面结合。

一、调研对象选取

根据 26 所独立设置的建设高职院校建校时间、办学规模以及建筑工程技术专业办学的历史和办学规模，选取具有较长办学历史，较大办学规模的院校的建筑工程技术专业作为研究对象。同时考虑地区代表性，在东部、中部、西部、东部以及边疆地区各选取一所具有代表性院校的建筑工程技术专业作为研究对象。

此外结合国家和各省区市正在推行示范性高职院校建设工作，从中选择具有代表性院校的建筑工程技术专业作为研究对象。在国家三批 100 所示范性高职院校建设项目中，有黑龙江建筑职业技术学院、四川建筑职业技术学院、内蒙古建筑职业技术学院、江苏建筑职业技术学院等四家院校，在各省级示范性高职院校建设项目中，浙江建设职业技术学院、湖北城市建设职业技术学院等几家亦具有较强的代表性。重要的是这些院校的示范建设项目中，建筑工程技术专业均为重点支持建设专业。

二、特色内容确定

建筑工程技术专业的办学受各高职院校自身办学传统、现实办学条件的影响，在诸多方面存在一定的差异。因此在特色比较研究方面依据教育部《关于全面提高高等职业教育教学质量的若干意见》以及教育部财政部关于国家示范性高职院校建设立项和验收的有关文件精神，将专业办学特色的比较研究对象确定为专业人才培养模式、专业课程体系、专业实训条件建设等三个方面。因人才培养模式在其专业建设中处于核心和关键地位，以其为基础研究专业办学特色，同时带动专业课程体系、专业实训条件建设等两个方面的比较研究，探讨和研究各独立设置高职院校的建筑工程技术专业具有共性的办学特色和具有鲜明各院校鲜明个性的办学特色。

三、调研方法确定

文献检索法。利用信息资源，通过网络、图书馆等途径搜集和查阅有关文献资料，收集整理各独立设置院校建筑工程技术办学基本资料。

比较研究法。以确定的比较内容为中心，对各相关高职院校的建筑工程技术进行全面的比较和研究，从而分析共性和个性的办学特色。

调查分析法。利用各种机会走访和了解各高职院校建筑工程技术专业的办学实践，获取第一手的资料，掌握其办学实践中体现出来的办学特色。

第三节 专业情况比较

教育部《关于全面提高高等职业教育教学质量的若干意见》要求各院校要积极推行与生产劳动和社会实践相结合的学习模式，把工学结合作为高等职业教育人才培养模式改革的重要切入点，带动专业调整与建设，引导课程设置、教学内容和教学方法改革。对人才培养模式的地位作用和改革方向等都作了明确的说明。各建设类高职院校建筑工程技术专业结合专业特点在人才培养模式方面进行了多样的探索和实践。

一、人才培养模式

（一）典型人才培养模式

以黑龙江建筑职业技术学院为代表的一批院校推行了"2+1"人才培养，此人才培养模式确定学生在校3年期间，前2年主要学习专业知识和接受专项能力训练，后1年到企业进行综合能力训练和顶岗实习，同时强调与企业深层次、多角度、全方位的合作。企业参与教学全过程：前2年的校内教育阶段以学校为主导，企业积极参与，学生在校内模拟的工作环境中学习和训练，掌握基本知识、基本技能和专项能力；最后1年在企业的生产一线进行，通过综合实践和顶岗实习两个阶段的训练，使学生在真实的工作环境中综合运用已经掌握的基本知识、基本技能和专项能力，感受真实的工作氛围，体验真实的企业文化，最终形成就业所必须的岗位职业能力，培养出成品型人才，实现"零距离"就业的办学目标。

以四川建筑职业技术学院为代表的一批院校则在建筑工程技术专业推行施工过程导向的"123"人才培养模式。其涵义为：1个培养目标——培养"零距离"上岗的建筑施工一线的高技能人才；2个培养场所——通过学校和企业两个场所培养学生职业能力；3个培养阶段——前四学期为专业平台阶段，学习本专业的基本知识和技能；第五学期为专业方向能力强化阶段，根据学生就业岗位和市场需求进行专业分流，并针对职业岗位设置课程和教学内容；第六学期为企业实践阶段，通过半年以上顶岗实习获得初步工作经验。

以浙江建设职业技术学院为代表的一批院校则在建筑工程技术专业推行"411"人才培养模式，该人才培养模式将土建类学生的职业能力归纳提炼为4项专项基本能力即工程图纸识读、工程计算分析、施工技术应用、工程项目管理等能力，1项综合实务能力和1项就业顶岗能力，简称"411"。该模式明确了人才培养的一个目标、创新了土建类高职人才培养模式的三种能力划分、搭建了人才培养的三个平台、科学控制了人才培养的三个节奏、提出了工学结合校企合作的三种不同层次。

以内蒙古建筑职业技术学院为代表的一批院校则在建筑工程技术专业推行工学一体化的"2+0.5+0.5"人才培养模式。该人才培养模式主要依据时间将学生在校学习时间分为三个各阶段，分别培养学生的不同能力。

以江苏建筑职业技术学院为代表的则实行一学年三学期工学交替的人才培养模式：第

一学年的第一、二学期学生进校学习一些岗位基础课程和部分职业岗位课程后，第三学期安排学生到现场进行基础工程施工综合能力训练；第二学年的第一、二学期，学生回校学习主要职业岗位课程，第二学年第三学期安排学生到现场进行主体工程施工的综合能力训练；第三学年学生主要学习职业拓展课程，提升学生的多岗位就业能力，在第三学年的第二、第三学期进行顶岗（轮岗）实训。

目前国内独立设置的建设高职院校建筑工程技术专业人才培养模式具有典型代表性的主要是以上五种，其中"411"人才培养模式、"2+1"人才培养模式两种在全国使用范围最广，也最具有代表性。

（二）共性特征

五种典型人才培养模式具有各自的特色和优势，从人才培养的过程、时间安排、能力划分等多方面具有差异性，但是同时它们又具有相同的特色即人才培养模式共性的特色。

首先人才培养模式都强调了能力培养的中心地位。其中"411"、"2+1"、"123"、"2+0.5+0.5"等人才培养模式中对于能力培养均有明确的描述，并以能力培养为标准进行培养过程的设计和安排。一学年三学期培养模式，则更是以能力为中心，在每个学年均安排相应的能力训练阶段，强调了能力培养的重要性。

其次人才培养模式都明确了三阶段的培养过程。五种典型的人才培养模式均对培养过程进行了三阶段的划分。将培养过程划分成为基础能力、综合能力、顶岗能力三阶段培养过程。较好地符合了学生能力形成的要求和知识迁移的需求。

再次人才培养模式都突出了校企合作的培养路径。五种典型的人才培养模式都根据能力培养的要求强调工学结合，通过校企合作提升学生实践能力的形成。在人才培养模式的构建和实践过程中都强调了企业的参与和作用，其中"411"模式提出的工学结合校企合作的三种不同层次、"123"模式提出的2个培养场所——通过学校和企业两个场所培养学生职业能力以及一学年三学期制等都充分发挥了企业的作用，保证了企业全程参与人才培养的效果和质量。

最后人才培养模式都突破了工学结合的困境。建筑工程项目本身具有周期长、不可复制、不可移动等特性，导致建筑工程技术专业工学结合过程中无法真正通过生产性实训来实现工学结合。五种典型的人才培养模式能根据建筑工程技术专业的本身特点，通过模拟实习与顶岗实习相结合的方式开展工学结合，既能满足生产性实习的要求，同时也能兼顾建设工程本身具有的特点。在这方面"411"人才培养的综合实务模拟阶段、"2+1"模式的综合实践阶段以及"2+0.5+0.5"模式都是有效的尝试和突破。

（三）个性特征

人才培养模式除拥有共性特色之外，同样具有个性特色，而这些个性特色更是决定建筑工程技术专业培养质量的重要因素。

首先三阶段实现方式各具特色。以"411"人才培养模式和"123"人才培养模式为代表的类型，三阶段的实现是以"学习＋模拟＋顶岗实践"的方式实现的，强调了模拟这一环节的承上启下作用；而以"2+1"和一学年三学期为代表的类型，三阶段的实现是以"学习＋顶岗实践"的方式实现的，更多强调了学生学以致用，通过实践来促进能力的形成。同时三阶段的解读和理解方面，各人才培养模式也存在一定的差异，"411"模式以能力的不同来确定阶段的不同；"123"模式和一学年三学期制则更多以时间进行区分三阶段;"2+1"模式则是以时间和实践阶段不同来实现三阶段的表述;而"2+0.5+0.5"则是典型的以时间实现三阶段培养的代表。

其次能力的划分和定位各有特点。在以能力为中心的前提下,各人才培养模式都对能力进行了划分和描述,但在能力描述和划分中差异性较大。"411"模式和"2+1"模式都使用了专项能力、综合能力的表达方式,但是在具体内涵上则有区别。"123"模式和"2+1"模式都使用了基本技能的概念。以上这些能力划分了各建筑工程技术专业对能力培养的不同理解。一学年三学期制则对能力划分按照建筑工程项目的分部分项工程确定能力,提出了基础工程施工综合能力和主体工程综合施工能力的概念。这些能力概念的提出和划分,体现了各院校建筑工程技术专业对于培养过程的不同理解。这种个性特色的存在也直接导致了课程体系、实训条件等专业建设内容存在个性。

最后校企合作形式呈现多样格局。以上各种人才培养模式中尽管都强调了校企合作的重要性,但是各人才培养模式在校企合作的实现形式则各不相同。"2+1"模式和一学年三学期制企业的参与在时间和空间方面都较为集中,校企合作以学生前往企业实习实践为主要模式,企业在本企业范围内集中进行参与;而"411"模式、"2+0.5+0.5"模式及"123"模式,企业参与则较为分散,除最后第三阶段将学生送往企业进行集中实践,其余阶段主要以企业参与学校教学为主。

二、专业课程体系

建筑工程技术专业课程体系经过近年来的改革和探索,体现出来百花齐放的格局。不同建设类高职院校之间建筑工程技术专业课程在具体课程设置、教学设计、评价考核等多方面都存在较大的差异性。但是同时这种差异性之间却又存在着不少共性特点。这种课程体系的共性和个性从本质上讲是受到人才培养模式的共性和个性的影响而形成并发展的。

目前国内建设类高职院校建筑工程技术专业课程设置具有较大的差异性,因此具体比较各院校建筑工程技术专业具体课程设置并不能较为全面地反映课程体系的特色。因此课程体系的特色比较主要从课程体系整体设计思路和体系结构两个方面开展比较,以求较为全面地反映课程体系在共性和个性方面的特色。

(一)共性特征

建筑工程技术专业课程体系经过近年来的改革和探索,各院校都进行了一系列的改革,目前主要集中在以下三个方面具有鲜明的共性特色。

首先基本形成完整科学的课程体系。由于大部分建设类高职院校建筑工程技术专业脱胎于中专时期工民建专业,缺乏高等教育办学的经验,同时由于中专办学时间较长,具有一定的历史惯性。因此在一段时期中,高职建设类院校的建筑工程技术专业受到了来自历史惯性和高等教育的双重影响,一方面强调学生的技能培养,设置了大量的技能培养流程,一方面强调学生的高等教育需求,设置了大量的理论计算课程,在这种双重影响下,课程体系显得较为混乱并缺乏系统性。经过近年来的改革,在确定培养目标,明确教学内容的前提下,基本确定了理论教学体系以"适度、够用"为原则,实践教学以培养学生的综合能力为原则,对课程体系进行了调整,对理论教学课程进行了大规模的整合重组,对实践课程进行了综合提高,基本确立了课程体系以能力为中心,以理论教学与实践教学各占半壁江山的格局,基本形成了一套适合培养面向一线施工技术人员的课程体系。同时由于全国高职高专土建类教学指导委员会土建施工类专业教学指导分委员会主持制定了一套课程体系，大部分建设类高职院校都参照该方案进行课程设置，因此基本形成一套较为合理科学的课程体系。

其次理论教学体系与实践教学体系相对独立并相互联系。在基本完成课程体系构建的基础上，目前国内建设类高职院校建筑工程技术专业课程体系在理论教学和实践教学体系的构建和相互融合方面具有一定的特色，基本构建了一个独立的实践教学体系，能与理论教学体系进行有效的融合，能有效地促进理论教学，更好地培养学生的实践能力。以浙江建设职业技术学院建筑工程技术专业为例，该校构建了"认知实践、校内实训、跟踪实践、仿真模拟、顶岗实践"五位一体的实践体系，与各阶段的理论教学相适应；内蒙古建筑职业技术学院则构建了"跟踪过程，分项实践，仿真模拟，真实情境训练"四位一体的实践教学模式；江苏建筑职业技术学院则构建了一个"基础工程施工综合训练、主体工程施工综合训练、顶岗实践"等阶段的实践教学体系。以上这些实践教学体系促进了理论教学开展和改革。

最后以工作过程为导向的课程体系得到一定程度的推广。国家开展示范性高职院校建设工作以后，基于工作过程导向的课程改革得到了有效的促进和推广。以黑龙江建筑职业技术学院、四川建筑职业技术学院、内蒙古建筑职业技术学院、江苏建筑职业技术学院为代表的国家示范性高职院校建设单位，在建筑工程技术专业开展了基于工作课程的试点和探索，构建和实施了具有建筑工程技术专业特点的基于工作过程的课程体系。该课程体系按照工程施工过程中能力的要求，将课程体系依据工作过程对原有理论课程和实践课程都进行了重新的整合和设置。工作过程导向课程体系的试点和推行，有效促进了建筑工程技术专业课程体系的改革发展，是建筑工程技术专业建设和发展中的一种有益尝试。

（二）个性特征

建筑工程技术专业课程体系在存在共性特色的基础上也存在较大的个性特色。主要集中在以下几个方面。

首先实践课程体系各具特色。各院校构建的建筑工程技术专业实践教学体系中很多环节具有独创性，浙江建设职业技术学院在实践教学体系中设立的跟踪实践和综合实务模拟阶段，具有鲜明的特色。跟踪实践有效地解决了由于工程周期长带来的实践局限，可以使学生在有效的时间内更好地接触工程全过程，综合实务模拟则采用仿真模拟手段，将工程的全过程进行了有效模拟，更好地培养学生的综合实务能力；江苏建筑职业技术学院在各个学年设立的实践教学学期，在时间和空间方面具有极大的创新性；黑龙江建筑职业技术学院创收的综合实践则在与企业合作开展实践教学方面进行了创新，对学生在企业的实践管理提出了新的要求；四川建筑职业技术学院设立的专业方向能力强化阶段则在面向就业岗位方面进行了有效探索，体现了以就业为导向的办学理念。凡此种种都体现了各院校在建筑工程技术专业课程体系改革中的创新。

其次课程教学模式呈现不同特点。建筑工程技术专业课程体系的构建呈现出不同的特色，因此各院校在课程教学模式方面也各具特色。以江苏建筑职业技术学院、黑龙江建筑职业技术学院、四川建筑职业技术学院为代表的示范性高职院校建设单位的教学模式强调了以任务或项目设置教学情景，做到一个教学情景就是一项真实的工作任务和系统的工作过程。在教学过程中，利用校内和校外两个实训场所，做到课堂教学与实习实训一体化，学习过程与工作过程一致化，突出学生的主体地位，让学生通过"获取信息、制定计划、实施计划、评估成果"等学习活动，掌握职业技能，获得专业知识和工作能力，体现了工作过程导向的要求和特点；浙江建设职业技术学院则强调了理论教学与实践教学融合的教学模拟，通过理论教学与实践教学的相互支撑，形成了一个具有项目式教学法特点的教学模式，在其综合实务模拟培养阶段则更加明确地使用项目式教学法，以工程项目为基础，开展综合能力的培养工作；也有部分建设高职院校目前仍采用先理论后实践的传统教学模式。这些教学模式的差异和区别，既体现了课程体系改革的成果，也受到人才培养模式特色的影响。

三、专业实训条件

根据教育部《关于全面提高高等职业教育教学质量的若干意见》等文件中关于要求积极探索校内生产性实训基地建设的校企组合新模式，由学校提供场地和管理，企业提供设备、技术和师资支持，以企业为主组织实训；加强和推进校外顶岗实习力度，使校内生产性实训、校外顶岗实习比例逐步加大，提高学生的实际动手能力。要充分利用现代信息技术，开发虚拟工厂、虚拟车间、虚拟工艺、虚拟实验等精神。各建设类高职院校积极探索实践，在实训条件建设方面形成了一定的特色。

（一）共性特征

建筑工程技术专业实训条件的建设，受其专业特殊性的限制较为明显，建筑工程项目存在周期长、体量大、不可复制、不可移动等特性，因此建设生产性实训基地存在较大困难；同时由于建筑施工现场存在较多的环境变量，在施工现场的管理和教学都存在一定难度，因此各建设类高职院校在建筑工程技术专业实训基地的建设方面都进行了较大的探索。

首先实训条件建设实现了梯级配置。国内各建设类高职院校建筑工程技术专业实训基地的建设基本依据能力形成要求，按照单项能力、综合能力、顶岗能力等形成了一个梯级的设置和建设。实训条件建设从单项的实验室、综合的实训车间、顶岗实践基地等方面入手，基本形成了一个完整的体系，同时各院校还在这其中加入了过渡环节，浙江建设职业技术学院的综合实务模拟室是这一承上启下过渡性实训条件建设典型代表。

其次校内实训基地建设以仿真为中心理念。由于建筑工程技术专业本身的特色性，要完全建立真实生产性实训基地存在较大的困难。因此各高职院校在实训条件建设过程中，基本以选取核心能力培养阶段，通过建设具有高度仿真的典型实训条件进行实训。浙江建设职业技术学院建立了土建实训和钢筋绑扎等典型实训条件；湖北城建职业技术学院和四川建筑职业技术学院，则通过完整工程实训，分工合作的方式完成典型实训条件的实现；其余高职院校通过各种途径建立一个高仿真的实训条件，而没有一味追求完全真实的生产性实训条件的建设。

再次校企合作共建校外实训基地成效明显。校企合作建设校外实训基地成为各建设类高职院校建筑工程技术专业校外实训基地建设的基本思路，取得了比较显著的成效，这成为建设类高职院校的共同特色。在校外实训基地的建设方面各高职院校也在基地内容、管理制度、绩效评价、保障体系等多方面形成了鲜明的特色。基地内容得到扩展，基本实现了学生实训、教师锻炼、合作科研等目的；进一步细化各项管理制度和顶岗实习评价体系以及综合考核管理系统，并成立了实践教学管理机构，有效管理实践基地，提高实践基地教学效果；同时充分利用双方的人才、资源优势，将基地作为新技术、新工法的研发中心以及项目管理的咨询中心，为教师工程实践和科研水平的提高创造了平台，真正做到校企紧密结合、双向联动、互惠互利。

（二）个性特征

建筑工程技术专业实训条件的建设由于人才培养模式和课程体系的差异，在实训条件的建设方面也存在一定的差异，这种差异主要体现在真实与模拟之间的侧重点不尽相同。部分院校强调了模拟的重要性，寄希望于通过完整的模拟来实现学生的能力培养；部分学校强调真实的训练，希望以动手训练提升学生的能力。

首先真实与模拟结合的建设思路各具特色。由于建筑工程本身的限制，在实训条件的建设过程中各院校都将全真实训基地建设和仿真模拟实基地的建设相互结合。浙江建设职业技术学院不但建成了具有真实工程情景的中央财政支持实训基地，同时还建成了综合实务模拟训练室，学生不但能动手完成工程实践，也能在模拟室完成整个工程的管理和技术训练；四川建筑职业技术学院则在建设各种施工实训室的同时，还建设了建筑材料博物馆等具有软性实训条件的实训基地，也能实现真实与模拟结合的要求。

其次实训条件的侧重点呈现不同趋势。实训条件的建设本质上反映了建筑工程技术专业人才培养的价值取向，在不同建设类高职院校的建筑工程技术专业实训条件的建设过程中，以浙江建设职业技术学院为代表的一批院校强调了综合实务模拟条件的建设，体现其培养学生综合实务能力，提升学生综合技术管理应用能力培养；以四川建筑职业技术学院、湖北城建职业技术为代表的一批院校强调了真实实践条件的建设，强调了学生动手能力培养。这些差异与人才培养模式有紧密联系，与课程体系也有紧密联系，是前两者的体现和延续。

第四节　专业调研结论

建筑工程技术专业办学特色以人才培养模式为核心，体现在课程体系和实训条件的建设等多方面，这其中人才培养模式的特色处于基础地位，课程体系则起到了承上启下的作用，实训条件建设的特色则是最明显和直接的体现。三者结合则构成了建筑工程技术专业整体办学的特色和优势。

一、办学特色描述

首先工学结合校企合作是办学的基本特色。各建设类高职院校建筑工程技术专业在人才培养模式、课程体系、实训条件建设等多方面都坚持了校企合作、工学结合的办学思路和办学实践。校企合作、工学结合已经贯穿于建筑工程技术专业人才培养模式的整个过程。

其次以能力为中心的培养过程基本形成。各建设类高职院校建筑工程技术专业在人才培养过程中的三阶段培养、课程体系中的理论与实践相结合、实训条件建设中软硬结合等都实现了以学生能力培养为中心，培养过程实现了新的构建和实践。

再次都突出了实践教学的重要性。建设类高职院校建筑工程技术专业在人才培养模式中都将实践教学体系置于重要位置，在课程体系中都单独构建了完整的实践课程体系，并配置了完整的实训条件建设，均体现了对于实践教学的重视。

最后形成了本专业建设发展的科学思路。建筑工程技术专业有其较为明显的特色性，各高职院校在贯彻国家精神的基础上，形成了具有专业鲜明特色的专业建设思路，在培养目标、培养过程、培养模式、实训条件建设等方面都形成了一套既符合国家方针政策，又满足自身专业建设实际的建设思路。此点特色显得尤为重要，为今后建筑工程技术专业取得进一步的发展奠定了较好的基础。

二、办学特色成因

建筑工程技术专业办学特色的形成，是全国建设类高职院校经过长期的探索和实践而取得的，是在充分研究本专业特色的基础上取得的，同时也是结合自身办学历史和办学传统的基础上形成的，是处理好了一系列矛盾的基础上取得的。

首先较好地处理了继承与创新的矛盾。建设类高职院校有悠久的办学传统，但又是高职教育的新生力量和探索者。在继承传统和创新办学等方面，建设类高职院校取得了较好的效果，既吸收了高职教育研究的最新成果，同时也继承了历史上重视能力培养，重视实践锻炼的传统，取得了较好的效果。

其次较好地处理了共性与个性的矛盾。国家出台了一系列高职专业建设的指导意见，这些意见在共性方面做了较大的研究和规定，但是建筑工程技术专业具有其鲜明的个性，因此建设类高职院校充分研究了自身的个性情况，在尊重共性规定的基础上，充分发挥了自我的个性特色，因此形成了比较鲜明的办学特色。

最后较好地处理了战略与战术的矛盾。在国家和各院校确定了基本办学战略思路的前提下，建筑工程技术专业能够依据专业特色在战术层面进行了多元化的探讨和实践，也成就了建筑工程技术专业办学特色的形成和发扬光大。

第三章 人 才 的 培 养
——"411"人才培养模式的理论和实践

第一节 "411"人才培养模式的提出

一、人才需求巨大，质量要求提升

我国经济持续高速的发展形势为建设行业提供了巨大的发展空间，建筑业成为国民经济的支柱产业。根据权威部门和专家的意见，我国未来 GDP 的增长速度将保持在 7％左右，与此相适应的建筑业增长速度将保持在 8％～9％之间，预计今后 15 年内建筑业对人才的需求量将逐年增加。同时，我国城市化进程及相应国家宏观政策是促进建筑业进一步飞速发展的核心动力，预计我国城市化率加速增长期将持续到 2020 年，届时我国城镇人口将占总人口的 65％。与现有城市人口相比，意味着未来 10 年内将有 1.6 亿左右的新增城市人口，所带来的住宅、交通、公共建筑等基础设施的需求无比巨大，为建筑企业提供了前所未有的发展机遇，所需要的人才也是不可估量的。这为高职土建类专业人才的培养提供了广阔的空间。

但是，随着经济增长方式转向依靠科技进步和提高劳动力素质以后，建筑企业对技术型人才的质量需求相应提高。市场经济体制的发展，大量民营建筑企业成为人才需求的主力，促使企业要求提高人才使用效率，缩短新进人员在企业中的培养时间，即要求毕业生能就业即顶岗。然而传统人才培养模式，主要承袭了以学科为中心的教育模式，存在严重的重理论轻实践、重知识轻能力的问题，实践教学不到位，即使安排了毕业实习，也因种种原因指导不力难有实效，对学生学业评价也以书面考试成绩为主等。这样培养的学生职业能力差，与企业要求反差大，也同高等职业教育办学宗旨相悖。因此传统人才培养模式的改革已势在必行。

二、培养模式众多，实践陷入误区

我国第一批高等职业技术学院主要由原中等职业技术学校升格而成，目前这类学校在人才培养模式方面存在两种误区：一是继承原中等职业技术学校的人才培养模式。原中等职业技术学校在升格之前均具有较长的办学历史，在长期的办学实践中形成了具有本校专业特色的人才培养模式。这既是这些学校办好高等职业技术教育的优势，同时也成为巨大的历史包袱。因为原有人才培养模式具有较大的"历史惯性"，导致许多高等职业技术院校的人才培养在培养目标、培养方案、课程体系、教学组织等方面都无法满足当今社会的需求，严重违背了设立高等职业技术院校的初衷。二是照抄本科人才培养模式。不少激进的高等职业技术院校，认为高等职业教育属于高等教育范畴，可以模仿本科院校的人才培养模式，因此将高等职业教育办成了本科教育的"压缩版"，导致高等职业教育失去了其职业教育的本质特性，使得人才培养模式在最初的定位方面就走上了一条"不归路"。还有一部分高职院校则在以上两种情况下，摇摆不定，缺乏自我鲜明的人才培养模式。

三、学习借鉴成风，缺乏行业特色

随着我国改革开放事业的不断发展，中外文化教育交流在不断地扩大。我国高等职业教育发展较晚，缺乏具有中国特色的高等职业教育思想和典型人才培养模式，因此在教育交流的过程中德国"双元制"等为代表的各类职业教育思想成为了我国高等职业技术院校学习的对象。类似于"基于工作过程课程体系"等很多在国际上兴盛的职业教育思想也在国内高职教育领域方兴未艾。在纷繁复杂的学习对象中，我国很多高等职业技术院校迷失了自己的方向，有的甚至脱离了学校的实际和行业特点，将引进或学习的某些职业教育思想强行嫁接到原有人才培养模式上，导致几乎所有专业的人才培养模式千篇一律，缺乏院校和专业的特色。

因此，构建适合行业和专业特色的人才培养模式是非常必要的，它首先应满足社会对人才的现实要求，其次应继承原有办学历史和传统，并在其基础上合理借鉴和吸收国外先进的职业教育理论并加以本土化，最终形成具有院校和专业特色的、带有一定普适性的人才培养模式。高职土建类工学结合"411"人才培养模式的构建和实践，正是对现行高职教育人才培养模式深刻研究的积极尝试。

四、建筑产品特殊，建筑岗位复杂

（一）工作岗位兼容性

建设类行业目前已形成一套较为成熟的政策、制度、标准和规范，职业能力已较为明确，因此工作岗位具有兼容性的特点。学生具备岗位职业能力后，要能适应大多数企业的岗位要求，一般要求毕业生就业顶岗做到"三结合"。一要结合企业的特点和要求，即具备"企业标准"；二要结合各省建设行业的特点和要求，即具备"行业标准"；三要结合国家建设行业的特点和要求，即具备"国家标准"，这加大了学生就业顶岗的难度和要求。

（二）工作环境复杂性

建设类高职院校毕业生的就业顶岗大都在施工现场一线，这类施工现场一线无论是土建施工现场、装饰施工现场还是市政施工现场，往往都具有工地周边环境复杂、安全隐患多、事故频发等特点，工作的安全性系数不高。同时，施工现场的工作条件、生活条件相对艰苦，有些边远地区的工程项目施工现场条件可以说是相对恶劣，给建设类高职院校毕业生的工作和生活带来很大的影响和不便。

（三）工作项目多边性

由于工程项目分布全国各地，导致建设类高职院校毕业生的就业顶岗大都分散在全国各地。同时，建筑产品的生产具有生产周期长和产品一次性等特点，往往一个大型的项目从进场施工到竣工验收、交付业主使用需一～两年时间，一个项目结束后往往可能就奔赴另一个不同地区进行下一个工程项目的施工与管理，因此，造成建设类高职院校毕业生的工作常年在外，且流动频繁。

（四）工作过程综合性

建设工程项目具有复杂性、系统性的特点，这就决定了建设类高职院校毕业生的工作过程具有综合性的特点，需要毕业生掌握的职业能力很多。以土建施工现场管理为例，要求毕业生既能读懂施工图纸、具备相关施工技术知识，同时还需具备质量控制、进度控制、成本控制、合同管理、信息管理、沟通协调等相关管理知识，因此，建设类相关工作岗位对其从业人员的专业技能和综合素质要求相对较高。

第二节　"411"人才培养模式的理论

一、"411"人才培养模式概述

（一）基本思路

1. 指导思想

以创新人才培养模式、提高教育质量、转变教学理念、锻炼双师教师、服务社会为目的，依托浙江省建筑业良好的发展势头，以浙江建设职业技术学院建筑工程技术专业为载体，借鉴国内外同类学校相关专业的人才培养经验，汲取项目组全体成员的智慧，构建和实践了工学结合的"411"人才培养模式。

2. 研究过程

从 2004 年提出"411"人才培养模式后，学院就开始致力于该模式的理论和实践研究。经过 2 年多的教学改革和教学实践，在对理论研究有了足够的认识、获得了很多研究成果后，学院于 2006 年提出了对"411"人才培养模式进一步深入研究。研究过程中始终坚持四个"紧密结合"的指导思想，即将项目研究与教学改革实践紧密结合，将人才培养模式的构建与高职教育特点和建筑产品特点紧密结合，将国内外成功经验与国情、省情紧密结合，将教学团队与行业企业专家紧密结合。在浙江省教育厅、住房和城乡建设厅、学院领导的支持下，在有关教学改革专家的指导下，经过近 5 年时间的改革创新与实践，取得了一定的成果。

3. 研究手段

"411"人才培养模式研究采取定量分析与定性分析相结合、调查研究与文献分析相结合的方法，主要采用文献检索法、比较研究法、调查分析法和头脑风暴法等。

（1）文献检索法

充分利用信息资源，通过网络、期刊、图书等途径搜集和查阅有关国内外职业教育人才培养模式的文献资料，特别注重学习和吸收国内外现代职业教育高素质高端技能人才培养理念，了解和掌握国内外职业教育人才培养模式成功案例。文献检索对为"411"人才培养模式的构建积累基础及建构"411"人才培养模式的理论框架发挥了重要的参考作用。

（2）比较研究法

通过对国内外先进职业教育人才培养模式的比较研究，扩大研究视野，及时找出纠偏点，从而革新和优化我国高职教育人才培养模式，使之更能适应和满足企业的要求，促进建设类高素质高端技能人才培养质量的不断提升。为此，"411"人才培养模式项目组负责人和成员还前往德国进行了考察和学习，全面了解了德国职业教育的经验。

（3）调查分析法

针对国内外建筑行业新技术、新工艺和新材料的发展、建设类企业对建设类高素质高端技能人才的需求、毕业生对土建类高等职业教育专业教学的意见和建议、当前高职生源特点等进行广泛调研，准确把握当前高职院校土建类专业教学现状和存在的问题，在此基础上分析高等教育大众化阶段高职生的认知特点、国内土建类专业人才培养模式、我国高职土建类专业教改过程中的主要矛盾等，从而归纳出企业对土建类专业人才培养目标和培养规格的要求，根据建筑产品的特点提出适合土建类专业的人才培养模式。

（4）头脑风暴法

"411"人才培养模式项目组举办了多次项目研讨会，每次研讨会围绕一个主题，项目组成员集思广益，畅所欲言，极大地凝结了教学团队和企业工程技术人员、教改专家的智慧。其中召开的浙江建设职业技术学院"411"人才培养模式特色办学校长论坛、"411"人才培养模式企业家研讨会和土建类人才培养模式研讨班，就"411"人才培养模式的内涵进行了深入的探讨，启发了项目组成员的思维，提高了研究水平。

（二）模式内涵

"411"人才培养模式是以培养高质量的土建类高等技术应用型人才为目的，以职业能力为核心，以实际工程项目为载体，以仿真模拟和工程实践为手段，以实现就业即顶岗为目标，通过理论教学和校内实训培养学生工程图纸识读、工程计算分析、施工技术应用、工程项目管理等4项专项基本能力，通过仿真模拟和现场验证培养学生综合实务能力，通过进入企业顶岗实习培养学生就业顶岗能力，并将素质教育和职业道德养成贯穿于始终的人才培养模式，简称"411"人才培养模式。

（三）模式理念

1. 能力为本，循序渐进

岗位能力的培养是高等职业教育人才培养的本质要求，因此人才培养具有很强的职业针对性，而能力的培养是一个系统复杂的工程，它决定了所有教学环节，从而影响能力培养的最终结果。这个系统需要合理的设计和科学的安排。"411"人才培养模式充分认识到能力培养在人才培养中的地位，在人才培养模式的构建中，始终强调能力本位的理念，从学生入校到毕业均依据教育教学规律合理设计能力培养顺序，以单项专业技能培养为基础，以综合实务能力培养为重点，以顶岗能力培养为目标。"能力为本，循序渐进"是"411"人才培养模式的核心理念，它体现了"411"人才培养模式作为高职土建类人才培养模式的本质要求。

2. 模拟实训，超越情境

能力是在活动中形成和发展的。为了培养学生的能力，最直接的方式是让学生在活动中进行学习。基于建设行业本身规模大、周期长、无法复制等特点，要求学生在教学周期内通过实践形成建筑活动中所需要的全部能力是不可能的。而模拟实训的学习阶段就有利于学生在有限的时间内，尽可能在一个细致、仿真的情境中学习，这样一个影响因素可以控制的情境，可以提高学习的针对性和效果。"模拟实训，超越情境"是"411"人才培养模式的关键理念，它决定了"411"人才培养模式是一个适合高职土建类的人才培养模式，充分体现了建筑行业人才在培养过程中的特殊性。

3. 工学结合，胜任岗位

高等职业教育以培养面向生产、建设、管理、服务第一线的、具有较强实践能力的高等技术应用型人才为主要目标。这类人才不仅知识应用能力强，技术与技能过硬，而且职业针对性强。所以，从专业培养目标、人才培养规格的确定，到教学计划、课程内容的制定，到人才培养的实施过程都需要企业全方位参与，需要走工学结合的途径。而高职学生要掌握本专业领域实际工作的基本技能，养成良好的职业道德，也必须与生产实践紧密结合。浙江省建设行业的高速发展，大量建设企业对人才培养的需求和关心，为产学结合提供了良好的基础和环境；同时建筑产业规模的扩大和技术的升级，促使建设行业分工的细化和技术含量的提高，为职业岗位群的分析也提供了可能。"工学结合，胜任岗位"是"411"人才培养模式的基础理念。

（四）模式特色

1. 抓住了能力培养为核心的主线

"411"人才培养模式从理论体系、目标体系、内容体系、评价体系等构建中都坚持了以能力为核心，并将能力培养贯穿了教学的全过程，能够满足高等职业教育的人才培养目标。

2. 确定了实践教学的主体地位

"411"人才培养模式构建了操作性很强的实践教学体系，并将其置于教学内容体系中十分重要的地位，有效地解决了高职土建类专业本身所具有的局限性，是对实践教学体系重要性和有效性的一次极大突破。

3. 构建了三阶段的培养任务

"411"人才培养模式依据学生职业能力形成由弱到强的规律，将整个人才培养划分成三个有机统一的阶段。这三个阶段由低到高，分工明确，既相对独立，又密切相关。它解决了人才培养节奏的问题，解决了以往基本能力训练＋毕业实践两阶段的不利状况，在基本能力训练和毕业实践之间增加了综合实务的环节，不但解决了衔接问题，更是对基本能力训练的提升和综合。

4. 实现了工学结合在人才培养中的全面应用

"411"人才培养模式构建了五位一体的实践教学模式，拓展了实践教学的内容和途径，有效解决了土建类高等职业教学中工学结合的困境，构建了校企合作的三个层次，使得校企合作具有良好的分工、积极的互动、明确的责任和可见的效果，体现了工学结合在人才培养模式的实践。

5. 加强了高职学生的职业道德教育

坚持科学发展观，育人为本，德育为先，把立德树人作为人才培养的根本任务，切实解决高职学生"学会做人"的问题。只有通过工学结合特别是工作实践来培养，才能使学生真正形成能力，同时才能强化职业道德和职业素质训导，培养学生的诚信品质、责任意识、团队精神、严谨态度和一丝不苟的工作作风，树立终身学习理念，立足职业生涯发展，提高学生的实践能力、就业能力和创业能力。

二、"411"人才培养模式的理论体系

"411"人才培养模式明确了人才培养的一个目标，创新了土建类高职人才培养模式的三种能力划分，搭建了人才培养的三个平台，科学控制了人才培养的三个节奏，提出了工学结合校企合作的三种不同层次。

（一）一个目标

一个目标，就业即顶岗。新模式下培养出来的学生应该从旧有模式下的半成品变成成品，并尽可能是优良品。这一目标的确立，构建了"411"人才培养模式以能力为核心的指导思想。

（二）三种能力

三种能力，即专项基本能力、综合实务能力和就业顶岗能力等三种能力类型。专项能力主要培养学生工程图识读、工程计算分析、施工技术应用、工程项目管理等基本能力。

综合实务能力主要培养学生解决工程实际问题的综合能力，通过设置综合实务模拟环节，依靠项目教学法促使学生发挥主动性去解决本专业的带有综合性、复杂性的问题。就业顶岗能力主要培养学生能将综合能力运用到实践工作中去，形成真实情境顶岗的能力，同时还将一些非专业的知识和素质的培养转化成能力运用到实践中，形成作为职业人所需要的职业能力。

（三）三个平台

三个平台，即专业基础平台、专业综合平台、职业实践平台。在对我省建筑业市场和人才培养模式深入探索和实践的基础上，结合建筑工程项目的特点，提出建筑工程技术专业应该以"岗位能力需求"为基点建设教学平台。其中专业基础平台是对专业基础课的统筹设计，有利于实施模块化教学和推行学分制管理模式，有利于促进课程改革和考试方法的改革。专业综合平台主要针对学生的专业能力训练，通过专业综合训练平台和专题综合训练平台在校内综合实训室完成。职业实践平台主要通过校外实习基地，帮助学校完成学生的校外教育见习、校外教育实习和教育调查等教学环节，它是培养学生理论与实际相结合、学用一致、全面发展的一个重要平台。

（四）三个节奏

三个节奏，即专业知识传授和校内实训、仿真模拟和实践训练、企业真实情境中顶岗实习等三个节奏。专业知识传授和校内实训作为人才培养的第一节奏，该时期主要是知识的传授，采用理论教学为主，使知识内化为学生素质，同时通过课内模拟实践将素质转化成为单项专项能力。专项能力的培养关系着学生今后综合实务能力和就业顶岗能力的形成，是为学生奠定一个发展基础的阶段。仿真模拟和实践训练作为人才培养的第二节奏，该时期以综合实务能力的形成为中心，通过对完成一个实际工程项目应具备的职业素养分析，构建专业知识、能力、素质结构体系，以此为要素，整合形成模块化课程体系。根据课程模块的功能，以合适的项目带动教学内容的组织，使之有效服务于学生职业能力的形成和职业素养的提高。在经过大量的调查和研究之后，建筑工程技术专业在这一阶段依据实际工程项目设计了4个实务训练课题——施工图识读实务模拟、施工管理实务模拟、专项施工方案实务模拟、工程资料管理实务模拟。系列课程均依托同一实际工程，通过科学的教学设计，使得教学过程和教学背景具有高度仿真效果，学生在自主学习的过程中形成解决工程实际问题的能力。企业真实情境中顶岗实习作为人才培养的第三节奏，该时期利用学校和企业两种不同的教育环境和教学资源，通过课堂教学与企业实习的有机结合，以培养学生的全面素质、职业能力和就业竞争力为重点，来培养适合不同用人单位需要的高等技术应用型人才。

（五）三个层次

三个层次，即依据三种能力和三个节奏的设计，"411"人才培养模式探索和实践了校企合作的三个不同层次。在培养学生专项基本能力，也就是第一节奏时，校企合作以学校为主导、企业参与的方式开展，企业主要作用是学生校内实训的必要补充；在培养学生综合实务能力，也就是第二节奏时，校企合作则由校企双方共同主导，学校和企业在实务模拟项目设置、背景资料设计、教学过程、评价考核等方面紧密合作，尽可能营造一个具有真实氛围的学习环境；在培养学生顶岗能力，也就是第三节奏时，校企合作则由企业为主导、学校参与的方式，企业需要承担很大的责任，在学生的专业教育、职业素养教育、评价考核等方面企业将成为主导者，学校在这一时期更多的是配合企业开展教学指导工作。校企合作三层次，如图 3-1 所示。

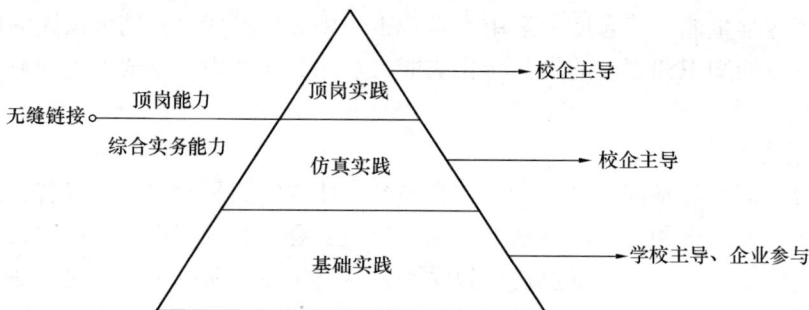

图 3-1 校企合作三层次

通过一个目标、三种能力、三个平台、三个节奏、三个层次的内涵建设，使得"411"人才培养模式具有深刻的理论体系、明确的目标体系、完整的内容体系、创新的评价体系和完善的保障体系。

三、"411"人才培养模式的目标体系

（一）确立人才培养定位

通过企业调研，对现存或潜在的有一定发展持续度的职业（技术应用）岗位进行定位，在岗位工作过程分析的基础上，以建筑施工现场一线生产与管理岗位中具有相近知识、能力、素质要求的岗位集合，形成建筑工程技术专业对应的岗位群，同时进一步明确了人才培养的目标和定位。建筑工程技术专业职业岗位，如图 3-2 所示。

图 3-2 建筑工程技术专业职业岗位

（二）细化能力结构体系

明确人才培养目标其根本在于明确人才培养的能力结构，项目组依据高等职业教育人才培养规律和建筑专业人员执业需要构建了"411"人才培养模式的能力结构，培养过程依据能力形成顺序和迁移需要，实现人才培养全过程以能力为中心，依据高职土建施工类专业人才培养实际，将一般意义上的专业能力、职业能力、社会能力进行了细化，明确了各能力的教育目标和培养要点。

（三）明确人才培养思路

"411"人才培养模式在明确定位、分析能力结构体系的基础上，进一步明确了人才培养的基本思路，确立了知识、能力、素质三者并重，理论教学体系和实践教学体系互相融合的基本思路。建筑工程技术专业职业能力、专业知识结构见表 3-1。

（四）科学制定培养方案

建筑工程技术专业积极开展相关调查研究，通过点面结合的专业调研方式，全面了解

浙江省建筑行业的人才需求和职业能力要求，完成了十一个地区的专业调研，并对省内大型建筑企业进行了重点走访，全面了解和掌握了浙江省建筑行业的人才需求状况并制定了科学合理的人才培养方案，见表3-2。

建筑工程技术专业职业能力、专业知识结构表　　　　　　　　表 3-1

能力类型	能力项目	主要知识点	对应理论课程	对应实践课程
工程图纸识读能力	1. 建筑施工图识读与绘制能力　2. 结构施工图识读与绘制能力　3. 设备施工图识读能力	1. 投影知识　2. 建筑制图基础知识　3. 建筑构造知识　4. 建筑材料基本知识　5. 建筑力学基本知识　6. 建筑结构基本知识　7. 地基与基础基本知识　8. 建筑设备基本知识　9. 工程图纸识读知识	1. 建筑构造与识图　2. 建筑材料　3. 建筑力学　4. 建筑结构　5. 地基与基础　6. 建筑设备	1. 建筑构造与识图（实训）　2. 建筑CAD基本训练　3. 建筑结构（实训）　4. 建筑设备（实训）
工程计算分析能力	1. 建筑结构一般计算能力　2. 工程施工结构计算能力　3. 地基基础计算分析能力　4. 建筑工程计价能力	1. 静力学、杆系结构的强度与刚度、稳定、超静定结构基本知识　2. 建筑结构构件承载力计算基本知识　3. 地基与基础一般知识　4. 建筑施工基本知识　5. 建筑工程计价知识	1. 建筑力学　2. 建筑结构　3. 现代建筑施工技术　4. 钢结构施工与验收　5. 地基与基础　6. 建筑工程计价	1. 建筑结构（实训）　2. PKPM软件操作训练　3. 现代建筑施工技术（实训）　4. 钢结构施工与验收（实训）　5. 地基与基础（实训）　6. 建筑工程计价（实训）
施工技术应用能力	1. 工程测量能力　2. 建筑材料应用能力　3. 施工工艺、方法、机械选用能力　4. 工种操作验收能力	1. 常用测量仪器使用知识　2. 建筑施工测量基本知识　3. 建筑材料性能、检测、应用知识　4. 建筑材料验收及保管知识　5. 施工工艺、方法、机械选用知识　6. 质量缺陷处理知识　7. 分部分项工程质量验收知识　8. 主要工种操作知识　9. 主要工种操作质量知识	1. 建筑工程测量　2. 建筑材料　3. 现代建筑施工技术　4. 钢结构施工与验收	1. 建筑工程测量实训　2. 建筑材料检测训练　3. 现代建筑施工技术（实训）　4. 土建工种操作实训　5. 钢结构施工与验收（实训）
工程项目管理能力	1. 施工组织设计编审能力　2. 施工质量管理能力　3. 安全施工管理能力　4. 施工成本管理能力　5. 工程合同管理能力	1. 施工方法、工艺、机械选用知识　2. 建筑施工组织基本知识　3. 施工质量标准、检验和事故处理知识　4. 安全技术与管理基本知识　5. 建筑工程计价知识　6. 施工项目成本管理基本知识　7. 工程合同管理知识　8. 建筑工程法规知识	1. 建筑施工组织与进度控制　2. 现代建筑施工技术　3. 钢结构施工与验收　4. 安全技术与管理　5. 建筑工程计价　6. 施工项目成本管理　7. 工程项目招标投标与合同管理　8. 工程资料管理　9. 建设工程法规及相关知识	1. 现代建筑施工技术（实训）　2. 安全技术与管理应用训练　3. 施工项目成本管理（实训）　4. 建筑工程计价（实训）　5. 工程项目招投标与合同管理（实训）

表3-2

建筑工程技术专业人才培养方案

课程名称	考核方式	学分	总学时或周数	学时分配					周学时						备注
				理论	实训	参观	实践	其他	一 15	二 16	三 16	四 16	五 (18)	六 (14)	
必修课程总学分							120学分								
基础	考试	3	45	45					3						
概论	考试	4	64	64						4					
体育	考查	2/2/1/1	126					126	2	2	2	2			
形势与政策	考查	1/1	31					31	(1)	(1)					1/2学期讲座形式
英语	考试	4/2	92	92					4	2					
应用高等数学	考试	4	60	60					4						
大学计算机基础	考查	4	64	32	32				4						
军事技能训练	考查	2	2周					2周	2周						
军事理论	考查	2	30	30					2	4					第二学期考证
建筑力学	考试	4	60	60					4						
建筑材料	考查	2	30	30					2						
建筑识图与构造	考试	4	60	60					4						
建筑工程测量	考试	3	48	24	24					3					
建筑结构	考试	3/2	80	80						3	2				
地基与基础	考试	3	48	48						3	3				
现代建筑施工技术	考试	3/3	96	96	12						3	3			
建筑设备	考试	3	48	36	12					3					
建筑施工组织与进度控制	考试	3	48	48								3			
安全技术与管理	考查	2	32		32							2			
建筑工程计价	考查	3	48	48								3			
建筑材料检测训练	考查	1	15		15				1						
建筑识图与构造基本训练	考查	2	32		32					2					
建筑工程测量基本训练	考查	1	1周		1周						1周				
建筑结构基本训练	考查	2	32		32						2				
基础工程基础应用训练	考查	1	16		16						1				
施工技术应用训练	考查	1	16		16							1			
安全技术与管理应用训练	考查	1	16		16							1			
建筑工程计价应用训练	考查	2	32		32							2			
建筑CAD制图应用训练	考查	2	32		32						2				
土建工种操作实训（一）	考查	2	2周		2周							2周			钢筋工、砌筑工

课程类别：职业素质课、职业能力课、专项职业能力训练课　（必修课）

续表

课程类别	课 程 名 称	考核方式	学分	总学时或周数	理论	实训	参观	实践	其他	一	二	三	四	五	六	备注
必修课 综合职业能力实训课	施工图识读	考查	3	3周		3周								3周		
	高层建筑专项施工方案	考查	5	5周		5周								5周		2周校外
	施工项目管理实务模拟	考查	6	6周		6周								6周		2周校外
	工程资料管理	考查	4	4周		4周								4周		2周校外
必修课 顶岗实践课	顶岗实践	考查	14	14周				14周							14周	
必修课周学时										15	16	16	16	(18)	(14)	
能力拓展课总学分（限选）									最低要求18学分	26	23	15	17	18周	14周	
能力拓展选修课	建设工程法规及相关知识（三选一）	考查	3	48	30	18				3						
	专业英语	考查	2	32						2						
	应用文写作	考查	2	32						2						
	建筑节能（五选二）	考查	2	32	24				8			2				
	PKPM软件	考查	3	48		48						3				
	道路桥梁工程	考查	2	32	24				8			2				
	土建工种操作实训（二）（二选一）	考查	2	2周		2周						2周				木工、架子工
	建筑业新技术概论	考查	2	32	24				8			2				
	施工项目成本管理（四选二）	考查	3	48	30	18							3			
	工程项目招投标与合同管理	考查	3	48	30	18							3			
	建筑工程质量管理	考查	3	48	30	18							3			
	钢结构施工与验收	考查	3	48	30	18							3			
	项目施工跟踪实践（二选一）	考查	3/3	96				96				(3)	(3)			在业余时间进行
	建筑工程认知与专业调查	考查	3/3	96				96				(3)	(3)			
公共选修课	公共选修课程总学分								最低要求6学分							

四、"411"人才培养模式的内容体系

"411"人才培养模式的进一步完善深化从 2006 年立项开始，在长达 3 年的研究过程中，不断吸取国内外先进的职教理念，对"411"人才培养模式的内容体系进行了一些改革和创新。

（一）明晰课程改革思路

结合岗位（群）的职业能力分析，解构传统的学科式课程教学体系，重构基于工作过程的教学体系为课程改革的总体思路。按照"岗位分析→工作内容→行动领域→学习领域→学习情境"（建筑工程技术专业）进行课程的开发和改革。将学习领域按照典型、完整的土建技术人员实际工作过程进行情境划分，使理论与实际工作紧密结合，而工作过程的采集、选取、序化由生产一线工程师、技术员和专业教师、课程改革专家共同研讨确定，确定后的工作过程通过合适的教学手段移入教学过程。

（二）制定课程性质标准

基于工作过程的课程标准规定了各门课程的性质、应达到的标准以及教学内容，综合了学生在知识与技能、过程与方法、情感态度与价值观等方面的基本要求，全面体现了知识与技能、过程与方法、情感态度与价值观三位一体的课程功能，蕴涵着素质教育、创新教育的理念。

（三）重构课程教学内容

将职业过程作为一个整体化的行为过程进行分析，开始构建"工作过程完整"而不是"学科完整"的学习过程，以能力项目为主线贯穿整个培养过程。首先以完成一个工程的某项施工任务为目标，按照施工过程将完成该项施工任务所需的相关知识整合为一个个学习领域，使学生所学知识与实际工程应用顺序保持一致，确保知识迁移和内化的有效性。例如建筑工程技术专业完成混凝土结构工程施工任务，将相应的建筑材料、建筑力学、建筑识图与构造、建筑结构、建筑施工技术、建筑施工组织等课程内容进行重构，形成《混凝土结构工程施工》学习领域；其次将能力结构划分为专项能力、综合实务能力、就业顶岗能力，并以此为主线贯穿于整个教学过程，如图 3-3 所示。

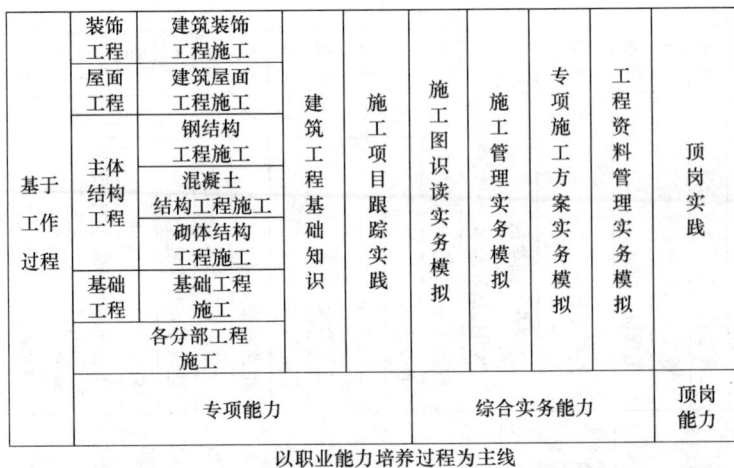

图 3-3　课程教学内容重构图

（四）实施精品课程工程

全新课程体系的构建和课程标准的制定与实施，只是"411"人才培养模式内容体系建设的第一步。提高课程实施的教育教学效果，课程本身建设的水平和质量才是更为重要的目的。

"411"人才培养模式实施精品课程建设工程，以推动整个课程的改革和发展，并带动其他相关课程的建设。目前《建筑力学》被评为国家级精品课程，该课程是"411"人才培养模式下教学内容改革和整合力度最大的课程之一，它整合了《理论力学》、《材料力学》、《结构力学》等的教学内容，根据能力培养要求对教育教学过程进行了较大幅度的改革。《建筑结构》和《建筑施工技术》被评为省级精品课程，《建筑结构》课程整合了原《钢筋混凝土与砌体结构》、《钢结构》、《结构抗震》等教学内容，《建筑施工技术》则整合了《高层建筑施工》、《建筑工程安全管理》、《建筑工程质量管理》等课程。《施工图识读实务模拟》被评为省级精品课程，该课程开创了实践课程被评为省级精品课程的先河，很好地反映了"411"人才培养模式的实践效果和理论价值。

一系列精品课程的建设工作，对"411"人才培养模式内容体系的构建和实践起到了巨大的作用。

（五）突出实践教学环节

本项目紧紧抓住和精心组织实验、实训、实习三个关键性实践教学环节与载体，重视校内学习与职业工作的一致性、课堂学习与实践内容的紧密性、校内学业考核与企业工作考核的结合性，采用工学结合的教学组织方式，构建"认知实践、校内实训、跟踪实践、仿真模拟、顶岗实践"五位一体的能力促进体系，有针对性地进行能力行动教学，突破了土建施工类人才培养过程中由于建筑工程产品的特殊性而带来的局限，如图3-4所示。

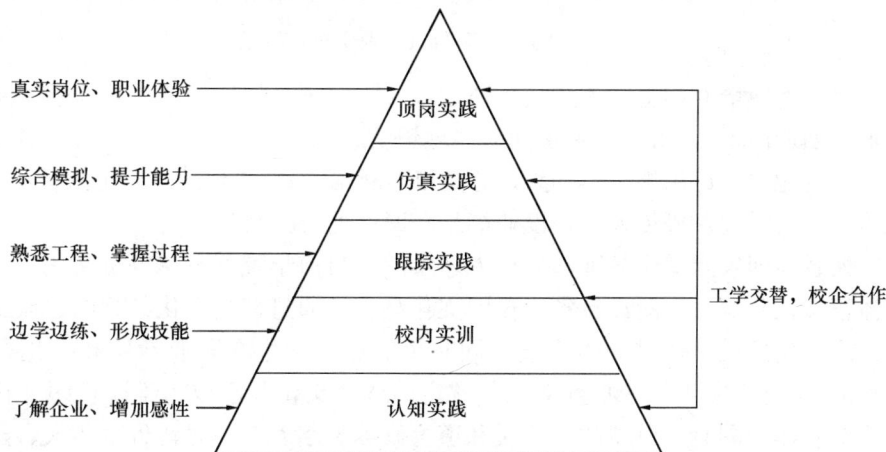

图3-4 "五位一体"的实践教学环节

（六）拓展工学结合途径

认知实践通过始业教育、建筑业企业调研、工程项目参观等方法，使学生明确专业培养目标，增加对建筑产品的感性认识，增强专业学习兴趣。校内实训按照工程项目施工的流程，沿着由简单到复杂、由低级到高级的顺序完成一个个单独的分项工程，形成单项职业能力（此两项穿插于整个教学过程）。跟踪实践从大二学生开始，采用"4＋2"

教学组织模式，学生在校内学习 4 天，在校外实习基地实践 2 天，长达 1 年的工学交替，通过对实际工程项目从基础到竣工的施工全过程跟踪，使学生将理论与实践有机结合，全面熟悉各分部分项工程施工方法和项目管理手段（以上三个实践教学环节，主要在能力培养第一阶段完成）。仿真模拟以环境模拟、仿真项目工程的形式在校内安排若干个具有综合性质的实训项目，依托真实工程资料，在教师和师傅的指导下独立完成一个完整工程项目的技术模拟。顶岗实践是学生实际参与工程项目实践，以全面提高学生的顶岗能力和管理能力，学生在经历一个工程项目的同时，完成了所有能力项目的行动，促进了能力的形成。

（七）完善素质教育体系

高等职业技术教育需要培养全面发展的人，需要培养具有良好职业素养的职业人。因此素质教育体系在"411"人才培养模式中占有重要的地位。

经过多年的实践和研究，结合土建类院校的专业特色和学生需求，"411"人才培养模式构建了"一项任务、两大载体、三本证书、四个中心、五类体系"的全面的素质教育体系，如图 3-5 所示。

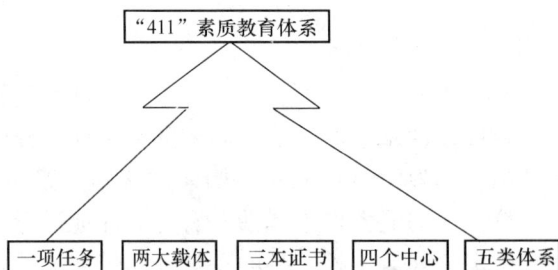

图 3-5　"411"素质教育体系

一项任务即培养学生成才成长。通过素质教育满足学生的"成才需求、身心需求、审美需求、创造需求"，培养学生正确的"理想信念观、职业价值观、工程伦理观"，提升学生的"专业能力、通用能力"，逐步完善和不断深化以"鲁班"文化为核心的校园文化，实现培养"新时代鲁班传人、建设业能工巧匠"的育人目标。

二大载体即校园文化品牌和鲁班人才学院。目前学院拥有"鲁班文化"、"心育文化"、"定向体育文化"等三项浙江省省级校园文化品牌，通过校园文化品牌的建设工作，一方面使得校园文化建设工作进一步提高，同时也促进了学生在职业素质和文化素养方面的提升。目前，"鲁班文化"、"心育文化"、"定向体育文化"已成为学院校园文化建设的主阵地和重要载体。同时，思想政治素质和道德修养是培养"新时代鲁班传人、建设业能工巧匠"的前提和保证。学院构建思想素质教育平台，成立"鲁班人才学院"，开设学生党员班、学生干部班、普通学生班等，通过理论教学、讲座、专题辅导、参观、社会实践等方式，切实加强学生思想素质教育，进一步提升学生的思想素质和道德修养。

三本证书即毕业证书、职业技能证书和第二课堂证书。学生通过理论教学、实践教学和素质教育后，成绩合格符合毕业条件即能获得以上三本证书。尤其是学院要求学生在校期间必须获得第二课程证书。第二课程证书是将学生参与的各类各项文化素质活动折算为相应的学分，学生获得一定学分后可获得该证书。若学生未能获得第二课堂证书将不能取得毕业证书。该证书的设立不仅有利于促进学生的积极性，同时也有利于规范各类文化素质活动。

四个中心即学生办事中心、心理健康中心、就业指导中心和社团管理中心。通过四个中心积极开展大学生心理健康教育、职业生涯规划与就业指导教育、创新创业教育和人文素质教育，构建贫困大学生资助体系，引导、规范、管理在校大学生开展健康有益的各类社团活动，为大学生成长成才做好各类服务和指导工作。

五类体系即建筑人文教育体系、快乐人生系列活动体系、创新创业教育体系、社会实践教育体系和心理健康教育体系。通过五类教育体系的构建，不断完善学院思想政治教育、人文素质教育、心理健康教育、职业指导教育和创新创业教育，不断加强这五类教育的教育体系建设、教学课程建设、教学资源建设、师资队伍建设和评价体系建设，取得了较好的成绩。

五、"411" 人才培养模式的评价体系

学生能否顺利就业，关键看是否达到了培养目标。为了实现这个目标，需要一个科学的专业职业能力考核评价体系，可以对学生的学习实时监控。随着高等职业教育改革的深入，传统的专业考核评价体系越来越无法有效地实现这种监控，学生的职业能力无法得到科学的衡量。因此，本项目研发了一整套专业职业能力考核评价体系，如图3-6、图3-7所示。

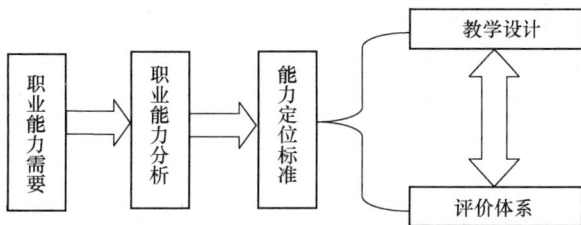

图 3-6 "411" 模式考核评价体系的构建

在理论研究中主要解决了几个方面的问题：

（1）确定了每一专项能力的定位和标准，包括定性和定量的指标。

（2）强化了每一专项能力的教学设计，包括教学内容的重构，教学资源的完善，教学方法的选择等。

（3）建立了每一专项能力的评价体系，包括评价原则、评价内容、评价方式、评价标准等。

能力评价体系的构建将打破传统以课程为体系的《建筑工程技术》专业职业能力评价体系，把专项能力作为职业能力评价体系的基本元素。

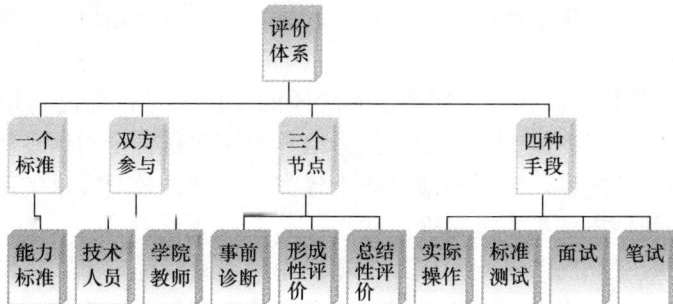

图 3-7 "411" 模式考核评价体系

六、"411"人才培养模式的保障体系

（一）组建教学团队，形成梯队

该项目基于高职土建类专业人才职业能力的划分，将建筑工程技术、建筑工程项目管理、工程监理等不同专业课程的教师根据学生专项能力培养的需要和个人实践经历、特长有效组建教学团队。教学团队的设置充分体现了高等职业教育双师素质教师的需要，成员理论功底扎实，都具有国家建筑工程相关注册资格，具备在企业生产一线从事工程技术、管理的经历，这可以充分发挥团队成员的自身特长，将多年的工程经验和教学相结合。

为出色地完成综合实务和顶岗实践教学任务，教师不仅要具有良好的理论素质，同时又要求拥有丰富的实践经验，这样迫使年青教师主动走向企业，及时把握行业和市场的最新动态，更新专业知识，做到教学和产业结合、学校和企业结合、顶岗劳动和学习结合。"411"人才培养模式多年的实践对师资队伍的建设起到了极大的促进作用。目前已经形成了一支老中青结合的师资队伍，梯队建设初见成效。

通过多年的改革与创新，项目组中何辉副教授获得"浙江省教学名师"荣誉称号，夏玲涛高级工程师等人主持、参与浙江省精品课程。

创造性的团队构成，有利于促进"411"人才培养模式的内涵建设，有利于"411"人才培养模式的实践。

（二）编写特色教材，国内首创

特色教材建设是工学结合"411"人才培养模式在构建和实践过程中的重要环节，也是国内首创的实践类教材。目前，本项目已经完善了一批具有鲜明行业特色的综合实务模拟系列教材，其中《施工图识读实务模拟》、《施工管理实务模拟》、《高层专项施工方案实务模拟》、《工程资料管理实务模拟》、《工程监理实务模拟》、《综合实务模拟系列教材配套图集》已由中国建筑工业出版社正式出版，《顶岗实践手册》不久也将由中国建筑工业出版社出版。系列教材以一个完整的实际工程项目为载体，凝炼了工作过程中典型的工作任务，基于行动导向的研发思路，以科学的能力评价体系组织整个教材内容。从紧密联系"411"人才培养模式的教材特色，从融入在工作过程中能力培养的教材内容，从校企合作的编写手段，从改变实践教学只有任务书、指导书的教材体例，从练习图纸、测试图纸、测试软件、试题库、模本库的配套资源上进行了大胆创新，使得系列教材得到了高职土建类专业指导委员会的肯定，现已经被深圳职业技术学院等国内多家建筑类院校使用，在同类高职教育领域产生了一定的影响。浙江省多家建筑企业也开始以此系列教材作为技术人员岗位培训的资料。

此外"411"人才培养模式专项能力培养阶段的专用教材目前已与机械工业出版社达成出版协议，相关教材正在编写中。专项能力培养专用教材将全面体现能力培养要求，力求解构原有学科体系的内容，形成适应高职土建类工学结合教学需求的新系列教材。目前该系列教材由何辉教授担任编审委员会主任。

随着整套专用教材的出版，将形成以专项能力培养教材为基础，以综合实务模拟系列教材为核心，以毕业顶岗实践教材为指导，以职业能力评价手册为依据的高职土建类工学结合"411"人才培养的全套适用性特色教材。

（三）打造校内实训基地，特色鲜明

在构建和实践工学结合"411"人才培养模式过程中，本项目组结合省级重点建设专业建筑工程技术专业的建设工作，打造了适应"411"人才培养模式能力培养需求的校内实训基地。该实训基地依托建筑工程技术专业中央财政支持实训基地，以校内实训车间为基础，以综合实务模拟室为核心，以工程真实情境训练室为特色。

1. 校内仿真实训车间

以专项能力培养所需实践教学条件为重点，在施工识读、施工技术、施工管理、施工计算等能力的要求下建成了建材实验室、土工实验室、桩基检测室等，完成混凝土耐久性能检测、现场混凝土结构测强、测缺陷等教学与技术服务功能；建成了混凝土工程施工技术实训车间、装饰工程施工技术实训车间、工程测量实训场地、建筑墙体保温节能施工技术实训车间，满足学生动手操作的教学要求。

2. 建设技术应用示范实训室

学院与德国赛德尔基金会、德国吉博力房屋卫生设备技术有限公司、瑞士喜力德有限公司、浙江省建筑科学研究院等国内外知名企业开展合作，建成建筑节能检测与应用、建筑结构紧固、给排水工程技术、楼宇智能化等最新技术应用示范实训室，让学生通过实训系统完善前沿技术，引领行业发展。

3. 综合实务模拟室

建成了施工图识读、施工项目管理、专项施工方案、工程资料管理 4 个综合实务模拟室。模拟室不仅具备全套通用相关软件，同时配置了 200 多个完整实际工程资料，用于模拟教学、教师业务培训和学生自我学习。

4. 工程真实情境训练室

建设一座占地面积约 $200m^2$ 的建筑物，该建筑物完成地基基础分部工程，主体结构留设了柱、梁、板的钢筋、模板、混凝土工程的施工节点以及施工部位的内、外脚手架搭设的原状；同时配置相关教学模具和多媒体资料，使学生在真实的工程情境中更好的掌握相关专业知识。该训练室承担了学生专项能力的培养、综合实务能力的培养、顶岗实践校内教育等的任务，是一个具有高度仿真效果的实训基地。

（四）完善校外实习基地成效显著

完善校外实习基地的建设内容。根据人才培养的需要，3 年来通过建立科研项目合作机制、签订教师锻炼协议、签订学生顶岗实践协议等一系列方式，建立了一批校企全过程合作的人才培养基地，其中 60 家为紧密型实习基地，省内 11 个地市有 310 家实习基地。目前，校外实习基地已可以完成学生工程实践、教师实践锻炼、新技术应用推广、应用型研究开发等多重功能，学生顶岗实践和就业能够遍布浙江省内，进一步提高了学院、专业和人才培养模式的影响面。

建立健全各项制度，成立教学实践基地管理机构。项目组针对"411"人才培养模式的顶岗实践要求，进一步细化各项管理制度和顶岗实习评价体系以及综合考核管理系统，并成立了实践教学管理机构，有效管理实践基地，提高实践基地教学效果，同时充分利用双方的人才、资源优势，将学院作为新技术、新工法的研发中心以及项目管理的咨询中心，为教师工程实践和科研水平的提高创造了平台，真正做到校企紧密结合、双向联动、互惠互利。

加强实践基地指导教师队伍的建设力度。为了保证"411"人才培养模式最后完成阶段的质量，项目组一致认为聘请工程一线的技术人员担任指导教师是非常必要的。但是如何管理和建设，项目组做了大量的调研，通过与企业的充分交流，建立了一套管理制度，其中有对基地指导教师开展轮训、加强"411"人才培养模式的理论教育等相关内容，使他们掌握全面的指导知识，同时了解我院的人才培养模式、教学管理制度和学生的学习过程，这样可以缩短师徒适应过程，提高实践效率。

第三节　"411"人才培养模式的成效

一、"411"人才培养模式的主要成效

（一）人才质量全面提升

创建"411"人才培养模式的根本目的是全面提高人才培养质量。经过几年的教学改革和实践，由于实施了"411"人才培养模式，学生的综合素质有所提高，特别是毕业即能顶岗的职业能力得到加强。人才培养质量的提升促进了毕业生的就业，使企业满意、学生满意、社会也满意。

据麦可思公司调查，学院 2010 届毕业生在毕业离校半年后，在总就业率、自主创业率、月收入、能力满足度、毕业生满意率、推荐母校率等 14 个核心对比指标均优于全国示范、骨干高职院校平均水平，如学院 2010 届毕业生月收入期待底线（2134 元）比本省高职院校 2010 届（1981 元）高 153 元，毕业半年后实际月收入（2589 元）比本省高职院校 2010 届（2368 元）高 221 元；学院 2010 届毕业生工作与专业对口是 83%，比全国示范性高职、骨干院校 2010 届（63%）高 20 个百分点，在浙江省建设行业领域形成了"要用人，找建院"的共识。

（二）用人企业满意率高

我院毕业生因其动手实践能力强、适应期短、吃苦耐劳、职业素养高、安心基层工作、责任心强等诸多优势，在高校毕业生就业形势日趋紧张的局面下，依然保持了较高的就业率，并获得用人单位的极大好评。建筑工程技术专业毕业生一次就业率见表 3-3。

建筑工程技术专业毕业生一次就业率一览表　　　　　　　　表 3-3

专　　业	毕业时间	一次就业率	备　　注
建筑工程技术	2006	99.6%	
建筑工程技术	2007	99.6%	
建筑工程技术	2008	99.87%	
建筑工程技术	2009	98.77%	
建筑工程技术	2010	98.85%	

从就业率上看出企业对我校毕业生的认可，更可贵的是企业对我校毕业生就业后的发展也给予了充分的肯定。目前，近几届毕业生中有 70% 的学生就业于建筑特级、一级企业中，其中很多人已经成长为企业的业务骨干和管理人员，有的走上了领导岗位，有的已经参与到"高、大、难、特"工程的建设中，更有一些毕业生在短短几年内，就获得了"鲁班奖"、"国家优质工程"、"詹天佑奖"等国家建设工程类的大奖，获得浙江省建设类"钱江杯"、"西湖杯"的更是为数众多。从近三年毕业生情况调查中可见，企业对毕业生

的满意率在99％以上，毕业生称职率在99％以上。用人单位对毕业生信息反馈统计见表3-4。

用人单位对毕业生信息反馈统计表 表 3-4

调查项目	评 价 指 标							
	好		较好		合格		不合格	
	人数	比例	人数	比例	人数	比例	人数	比例
思想素质	155	92.3％	13	7.7％				
道德品质	152	90.5％	16	9.5％				
专业水平	124	73.8％	42	25.0％	2	1.2％		
创新能力	106	63.1％	61	36.3％	1	0.6％		
适应能力	131	78.0％	37	22.0％				
协作精神	106	63.1％	62	36.9％				
组织能力	118	70.2％	49	29.2％	1	0.6％		
进取精神	120	71.4％	48	28.6％				
工作理念	101	60.1％	67	39.9％				
身心健康	143	85.1％	25	14.9％				

（三）专业建设成效显著

高职土建类工学结合"411"人才培养模式的构建与实践，极大地推动了建筑工程技术和工程监理等相关专业的发展，同时在师资队伍建设、实训基地建设、课程建设、教学改革等多方面都起到了极大的促进作用，产生了良好的办学效果。

中国高教学会产学研合作教育分会会长、原教育部高等教育司副司长朱传礼教授赞誉"411"人才培养模式是"符合高职高专人才培养目标、适应高职高专教学特点、具有创新意义的人才培养模式"。

四川建筑职业技术学院对"411"人才培养模式的评价是"411"人才培养模式既体现了高职教育培养高等技术应用型人才的本质要求，同时也提出了如何培养高等技术应用型人才的解决之道——追求工程真实情境。"411"人才培养模式创建的综合实务模拟教学环节，是对土建类高职教育的极大贡献。在可以控制的条件下实现对建筑工程全过程的模拟，这无疑能够极大地提高学生的实践动手能力，解决了土建类高职教育实训教学环节的问题。"411"人才培养模式，是适应新时期土建类高职教育的人才培养模式。

湖州职业技术学院胡世明书记对"411"人才培养模式的评价是"历史积淀，相对稳定，学校特有，社会公认"。

企业对"411"人才培养模式的评价是"行业受益、企业受益、学生受益"；"'411'人才培养模式促进零距离顶岗"；"校企结合好处多"。

目前国内越来越多的院校开始借鉴和采用"411"人才培养模式，深圳职业技术学院、金华职业技术学院、上海城市管理学院等院校纷纷来我院考察学习，详细了解该模式的实践经验。

（四）研究成果日趋丰富

"411"人才培养模式构建以来，开展了一系列的研究和实践，成果日趋丰富。一是出版《"411"人才培养模式的理论与实践》论文集 1 册。二是出版《施工图识读实务模拟》、《施工管理实务模拟》、《高层建筑专项施工方案实务模拟》、《工程监理实务模拟》、《工程资料管理实务模拟》等系列教材 5 本。三是发表"以就业顶岗能力为重点改革高职人才培养模式"等学术论文 26 篇。四是获得各类奖项多项,《"411"人才培养模式》获浙江省第六届教学成果奖一等奖;《高职土建类工学交替"411"人才培养模式构建与实践》获 2007 年度中国建设教育协会论文评比一等奖;《"411"人才培养模式的理论与实践》获 2006 年中国建设教育协会优秀教学科研成果一等奖;《综合实务模拟系列教材的研发和实施》获 2007 年浙江建设职业技术学院院级教学成果一等奖。五是修订和制定 07、08、09、10 级建筑工程技术专业教学计划及教学大纲,受益学生 6000 多人。六是"411"高等职业技术教育人才培养模式在 2006 年全国高职高专人才培养水平评估中被教育部专家评为浙江建设职业技术学院的办学特色。七是开发了综合实务模拟网络专核训练系统。

（五）社会声誉广泛认可

"411"人才培养模式经过多年实践与探索,内涵更加丰富,同时更加明晰,体系更加完善,在教育部、教育厅等组织的两次人才培养水平评估工作中,多次作为学院特色项目予以介绍。在教育部、建设部土建教指委多次会议与研讨中作主题发言,收到建设类高职院校普遍好评与广泛认可。

二、"411"人才培养模式的推广前景

（一）模式清晰,可操性强,指导应用价值大

"411"人才培养模式的构建与实践是土建类高职人才培养模式的创新。"411"人才培养模式第一阶段主要进行理论教学和部分课内试验、课程设计等教学活动,使学生掌握本专业必备的基础理论知识、专业知识和基本技能,第二阶段进行校内综合实务训练,既能保证学生有充足的实践课时,专业理论与专业技能结合较紧密,又能根据建筑产品施工过程周期长、无法复制等特点,通过工程真实案例将工程全过程进行模拟设计,实用性强且可控,能够防止实践流于形式,在教学实施中难度也较小,是对工学结合的大胆尝试,实现了土建类专业在人才培养上的局限。

（二）模式内涵深刻,专业辐射作用强

"411"人才培养模式的内涵为其他专业应用该模式明确了三个基本问题,并指明了方向。第一,催化了专业的寻"岗"行为,从而明确了专业定位;第二,为构建实践教学体系清晰地勾勒出其"能力本位"的价值取向,而能力实质上是态度、职业能力（硬能力）、关键能力（软能力）所组成的三元素质结构;第三,指明了专业实践教学手段的选择应以"仿真模拟"与"真实情境实践"为主。"411"人才培养模式为土建类各专业学生实践能力的培养提供了一个先进的、有效的范例。

（三）模式特色鲜明,推广前景广

高职教育的目标是培养高素质、高端技术应用型人才。建筑业是我国目前经济的支柱产业。"411"人才培养模式从我国经济社会发展对职业教育的需求和我省建筑行业高级应用技术人才短缺的现实出发,对实现高素质高职教育人才的培养目标,增强高职教育毕业生的实践、创新能力和拓宽就业、创业能力,特色鲜明,模式已为同类高职院校广泛认可与采用,并作为土建教指委向全国同类高职院校普推人才培养模式范例,对地方经济和建设行业发展有重要意义。

第四章 体 系 的 构 建
—— "411" 模式职业能力考核评价体系的构建

第一节 职业能力考核评价的内涵

一、基本概念

（一）高等职业教育

作为"高等职业教育"这个概念名词，是很有中国特色的，其追根溯源，应该是 20 世纪 80 年代起在国内广泛建立起来的职业大学的产物。所谓高等职业教育，可以用三句话来概括：首先，它是高等教育；其次，它是职业技术教育；最后，它是职业技术教育的高等阶段。根据《教育大辞典》中的有关条目解释：高等职业教育"属于第三级教育层次"，而第三级教育"一般认为与'高等教育'同义"❶。从总体上看，高等职业教育与普通高等教育一样，应包括学历教育和非学历教育两大部分。胡建华等学者认为高等职业教育是高等教育中的一种类型，职业针对性是这类教育区别于高等普通教育的典型特征。高等职业教育具有实现充分就业，保障社会稳定的功能，也具有促进经济发展的经济功能，促进个体发展的教育功能。

综上所述，我们认为高等职业教育是在完成中等职业教育或中等普通教育阶段教育的基础上进行的属于高等层次的职业教育，是高等教育的一部分。高等职业教育是培养适应生产、建设、管理、社会服务第一线需要的高技能人才的一种教育方式，所培养的人才专业知识不要求过于"专"、"精"、"尖"，但要"宽广"，要求善于综合应用各种知识解决实际问题，特别是解决生产一线或工作现场的技术问题。

（二）职业能力

职业能力是人们胜任某项职业的各种能力的综合。是否具备某项职业能力是衡量人们是否能够从事该项职业的重要标准，也是高等职业教育人才培养的主要目标之一。高等职业院校大学毕业生能否实现顺利就业，并在今后的职业生涯道路上有可持续发展，关键着力点即是职业能力的掌握程度和发挥程度。

职业的复杂性和从事该项职业的难易程度决定了职业能力并不是由一种单一的能力组成，它是由多项专项能力和综合能力的集中体现，如基本技能、技术应用能力、设备操作能力、创新能力、职业道德精神、基本心理素质和身体素质条件等。由于各种职业的差异性和特征性，职业能力的标准和构成并不是唯一的，某项职业能力对应该项职业具有一定的唯一性。

（三）职业能力考核评价体系

考核评价是指由考核评价主体对考核评价客体在过程中的行为，体现的水平及最终的

---

❶ 胡建华. 高等教育学新论. 南京：江苏教育出版社，2005.

成果进行考核并做出评价的过程。职业能力考核评价是指对人们从事某项职业所应具备的职业能力掌握程度和对该项职业胜任度的综合考核及评价的过程。

职业能力考核评价体系是以实际的职业能力掌握程度作为考核评价依据的价值衡量体系，从而对被评价客体做出科学、合理、量化、有效的评定。高等职业教育职业能力考核评价体系应由职业能力分解、能力培养标准、考核评价标准、考核评价指标、考核方法步骤、考核评价反馈等内容组成。

二、高等职业教育职业能力考核评价体系的特征

（一）考核评价目的注重方向性

职业能力考核评价的出发点和目的有很多，其中固然是为了检验教师教学效果，了解学生职业能力掌握情况，激发学生学习兴趣，但是，更重要的是需要注重考核评价的方向性，即职业能力考核评价的最终目标是为人才培养及教学模式改革提供方向。通过对学生职业能力的考核评价，及时掌握人才培养定位准确与否、教学方案有效与否、教学质量可靠与否，通过考核评价的结果，为人才培养及教学模式的改革和调整提供科学、客观、公正、量化的依据，为高等职业教育改革提供第一手数据和材料。

（二）考核评价原则注重教育性

职业能力考核评价要着眼于教育，考核评价的原则要注重发挥其教育、激励、促进、改进等功能，因此在考核评价体系的构建中时刻注意体现其教育的功能，要符合党的教育方针、学校的人才培养目标和定位、重视学生的相互评价及自我评价，使职业能力的考核评价过程真正成为一个学生自我评价、自我改进、自我完善、自我发展、自我提高的过程，达到考核评价的最终目的。

（三）考核评价标准注重职业性

高等职业教育能力考核评价体系的一个突出特征，就在于其评价标准的职业性。作为以培养高技能应用型人才为根本任务的高等职业院校而言，其培养的人才是要懂理论、精技术、擅操作、会创新、能创业、高素养，因此在能力考核评价的定位问题上一定要突出职业性的特点。尤其是建设行业，职业能力要求较高，发展较快，新工艺、新材料、新设备层出不穷，为了使高职毕业生能尽快适应企业和岗位一线的要求，在其培养过程中，需注重职业能力的培养，而考核评价标准的职业性，也会给高职学生职业能力的掌握带来巨大的促进和影响。

（四）考核评价形式注重实践性

在高等教育中，传统的考核评价形式主要是笔试。这种方式虽然具有操作方便、结果直观等优点，但也不可避免的带来了一定的缺陷和弊端。如笔试只是对课堂理论知识的考核，而对实践动手能力的考核就显得无能为力，作为高等职业教育而言，笔试这种考核评价形式无法全面、客观、公正地评价学生对能力的掌握程度。因此，高等职业教育职业能力的考核评价形式更具有实践性的特点，需要研究和制定更为客观公正和适合高等职业教育的考核评价形式，如实操、面试、上机考试等。

（五）考核评价过程注重可操性

正因为高等职业教育职业能力的考核评价方式多种多样，很多考核评价的对象为实际操作、动手能力、口头表达、沟通协作能力等，这些能力的考核比较困难，因此在考核评价过程中应更注重其可操性，要科学地设计和制定考核评价方案，使考核评价的结果更为

客观公正。

（六）考核评价结果注重整体性

高等职业教育所培养的人才，有别于中等职业教育，如中等专业学校、技术学校、职业高级中学等所培养的人才，作为中专、技校和职高，其培养的人才更注重对实践能力的培养，而高等职业教育培养的人才更为注重综合素质，这不仅仅体现在高职毕业生的实践能力，也体现在高职毕业生对理论知识的掌握、创新能力的提高、团队协作精神的具备等方面。因此，高等职业教育的考核评价结果要更为关注整体性，注重对高职学生的全面评价，而不仅仅只针对某一方面能力的评价。

第二节 "411"模式职业能力考核评价体系的依据

一、建筑工程技术专业的培养目标

（一）总体培养目标

建筑工程技术专业培养适应社会主义现代化建设需要，德、智、体、美等方面全面发展，具备本专业必备的文化基础与专业理论知识，具有本专业相关领域工作的岗位能力和专业技能，适应建筑工程项目生产一线需要的技术、管理等职业岗位要求的高等技术应用型人才。

（二）职业岗位目标

建筑工程技术专业培养高素质的建筑工程生产一线技术与管理应用型人才，从事施工现场专业技术管理工作，主要岗位群是施工员、质量员、安全员、材料员、资料员等，如图 4-1 所示。其业务范围：主要承担建筑工程项目施工技术管理、质量管理、职业健康安全管理、进度管理、成本管理、合同管理、材料管理、工程资料管理等工作。

二、建筑工程技术专业的职业要求❶

（一）施工现场专业岗位群的工作职责

1. 施工员工作职责

见表 4-1。

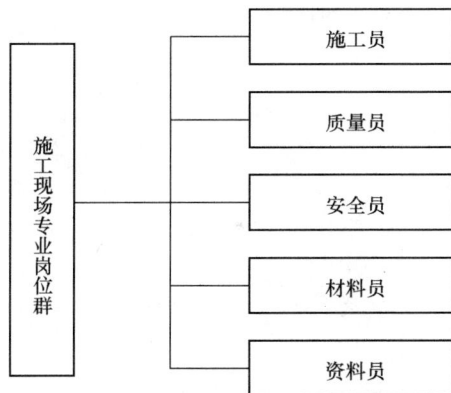

图 4-1 施工现场专业岗位群主要组成

施工员的工作职责 表 4-1

项次	分 类	主要工作职责
1	施工组织策划	（1）参与施工组织管理策划 （2）参与制定管理制度
2	施工技术管理	（3）参与图纸会审、技术核定 （4）负责施工作业班组的技术交底 （5）负责组织测量放线、参与技术复核

---

❶ JGJ/T 250—2011，建筑与市政工程施工现场专业人员职业标准.

续表

项次	分 类	主要工作职责
3	施工进度成本控制	(6) 参与制定并调整施工进度计划、施工资源需求计划，编制施工作业计划 (7) 参与做好施工现场组织协调工作，合理调配生产资源；落实施工作业计划 (8) 参与现场经济技术签证、成本控制及成本核算 (9) 负责施工平面布置的动态管理
4	质量安全环境管理	(10) 参与质量、环境与职业健康安全的预控 (11) 负责施工作业的质量、环境与职业健康安全过程控制，参与隐蔽、分项、分部和单位工程的质量验收 (12) 参与质量、环境与职业健康安全问题的调查，提出整改措施并监督落实
5	施工信息资料管理	(13) 负责编写施工日志、施工记录等相关施工资料 (14) 负责汇总、整理和移交施工资料

2. 质量员工作职责

见表 4-2。

质量员的工作职责 表 4-2

项次	分 类	主要工作职责
1	质量计划准备	(1) 参与进行施工质量策划 (2) 参与制定质量管理制度
2	材料质量控制	(3) 参与材料、设备的采购 (4) 负责核查进场材料、设备的质量保证资料，监督进场材料的抽样复验 (5) 负责监督、跟踪施工试验，负责计量器具的符合性审查
3	工序质量控制	(6) 参与施工图会审和施工方案审查 (7) 参与制定工序质量控制措施 (8) 负责工序质量检查和关键工序、特殊工序的旁站检查，参与交接检验、隐蔽验收、技术复核 (9) 负责检验批和分项工程的质量验收、评定，参与分部工程和单位工程的质量验收、评定
4	质量问题处置	(10) 参与制定质量通病预防和纠正措施 (11) 负责监督质量缺陷的处理 (12) 参与质量事故的调查、分析和处理
5	质量资料管理	(13) 负责质量检查的记录，编制质量资料 (14) 负责汇总、整理和移交质量资料

3. 安全员工作职责

见表 4-3。

安全员的工作职责 表 4-3

项次	分 类	主要工作职责
1	项目安全策划	(1) 参与制定施工项目安全生产管理计划 (2) 参与建立安全生产责任制度 (3) 参与制定施工现场安全事故应急救援预案

项次	分　类	主要工作职责
2	资源环境安全检查	(4) 参与开工前安全条件检查 (5) 参与施工机械、临时用电、消防设施等的安全检查 (6) 负责防护用品和劳保用品的符合性审查 (7) 负责作业人员的安全教育培训和特种作业人员资格审查
3	作业安全管理	(8) 参与编制危险性较大的分部、分项工程专项施工方案 (9) 参与施工安全技术交底 (10) 负责施工作业安全及消防安全的检查和危险源的识别，对违章作业和安全隐患进行处置 (11) 参与施工现场环境监督管理
4	安全事故处理	(12) 参与组织安全事故应急救援演练，参与组织安全事故救援 (13) 参与安全施工的调查、分析
5	安全资料管理	(14) 负责安全生产的记录、安全资料的编制 (15) 负责汇总、整理和移交安全资料

4. 材料员工作职责

见表4-4。

材料员的工作职责　　　　　　　　　　　　　　　　　　　　　　**表 4-4**

项次	分　类	主要工作职责
1	材料管理计划	(1) 参与编制材料、设备配置计划 (2) 参与建立材料、设备管理制度
2	材料采购验收	(3) 负责收集材料、设备的价格信息，参与供应单位的评价、选择 (4) 负责材料、设备的选购，参与采购合同的管理 (5) 负责进场材料、设备的验收和抽样复检
3	材料使用存储	(6) 负责材料、设备进场后的接收、发放、储存管理 (7) 负责监督、检查材料、设备的合理使用 (8) 参与回收和处置剩余及不合格材料、设备
4	材料统计核算	(9) 负责建立材料、设备管理台账 (10) 负责材料、设备的盘点、统计 (11) 参与材料、设备的成本核算
5	材料资料管理	(12) 负责材料、设备资料的编制 (13) 负责汇总、整理和移交材料和设备资料

5. 资料员工作职责

见表4-5。

资料员的工作职责　　　　　　　　　　　　　　　　　表 4-5

项次	分　类	主要工作职责
1	资料计划管理	(1) 参与制定施工资料管理计划 (2) 参与建立施工资料管理规章制度
2	资料收集整理	(3) 负责建立施工资料台账，进行施工资料交底 (4) 负责施工资料的收集、审查及整理
3	资料使用保管	(5) 负责施工资料的往来传递、追溯及借阅管理 (6) 负责提供管理数据、信息资料
4	资料归档移交	(7) 负责施工资料的立卷、归档 (8) 负责施工资料的封存和安全保密工作 (9) 负责施工资料的验收与移交
5	资料信息系统管理	(10) 参与建立施工资料管理系统 (11) 负责施工资料管理系统的运用、服务和管理

注："负责"表示行为实施主体是工作任务的责任人和主要承担人；"参与"表示行为实施主体是工作任务的次要承担人。

（二）施工现场专业岗位群的专业知识

1. 施工员应具备的专业知识

见表 4-6。

施工员应具备的专业知识　　　　　　　　　　　　　表 4-6

项次	分　类	专　业　知　识
1	通用知识	(1) 熟悉国家工程建设相关法律法规 (2) 熟悉工程材料的基本知识 (3) 掌握施工图识读、绘制的基本知识 (4) 熟悉工程施工工艺和方法 (5) 熟悉工程项目管理的基本知识
2	基础知识	(6) 熟悉相关专业的力学知识 (7) 熟悉建筑构造、建筑结构和建筑设备的基本知识 (8) 熟悉工程预算的基本知识 (9) 掌握计算机和相关资料信息管理软件的应用知识 (10) 熟悉施工测量的基本知识
3	岗位知识	(11) 熟悉与本岗位相关的标准和管理规定 (12) 掌握施工组织设计及专项施工方案的内容和编制方法 (13) 掌握施工进度计划的编制方法 (14) 熟悉环境与职业健康安全管理的基本知识 (15) 熟悉工程质量管理的基本知识 (16) 熟悉工程成本管理的基本知识 (17) 了解常用机械机具的性能

2. 质量员应具备的专业知识

见表 4-7。

质量员应具备的专业知识 表 4-7

项次	分 类	专 业 知 识
1	通用知识	(1) 熟悉国家工程建设相关法律法规 (2) 熟悉工程材料的基本知识 (3) 掌握施工图识读、绘制的基本知识 (4) 熟悉工程施工工艺和方法 (5) 熟悉工程项目管理的基本知识
2	基础知识	(6) 熟悉相关专业的力学知识 (7) 熟悉建筑构造、建筑结构和建筑设备的基本知识 (8) 熟悉施工测量的基本知识 (9) 掌握抽样统计分析的基本知识
3	岗位知识	(10) 熟悉与本岗位相关的标准和管理规定 (11) 掌握工程质量管理的基本知识 (12) 掌握施工质量计划的内容和编制方法 (13) 熟悉工程质量控制的方法 (14) 了解施工试验的内容、方法和判定标准 (15) 掌握工程质量问题的分析、预防及处理方法

3. 安全员应具备的专业知识

见表 4-8。

安全员应具备的专业知识 表 4-8

项次	分 类	专 业 知 识
1	通用知识	(1) 熟悉国家工程建设相关法律法规 (2) 熟悉工程材料的基本知识 (3) 掌握施工图识读、绘制的基本知识 (4) 熟悉工程施工工艺和方法 (5) 熟悉工程项目管理的基本知识
2	基础知识	(6) 了解建筑力学的基本知识 (7) 熟悉建筑构造、建筑结构和建筑设备的基本知识 (8) 掌握环境与职业健康管理的基本知识
3	岗位知识	(9) 熟悉与本岗位相关的标准和管理规定 (10) 掌握施工现场安全管理知识 (11) 熟悉施工项目安全生产管理计划的内容和编制方法 (12) 熟悉安全专项施工方案的内容和编制方法 (13) 掌握施工现场安全事故的防范知识 (14) 掌握安全事故救援处理知识

4. 材料员应具备的专业知识

见表 4-9。

材料员应具备的专业知识   表 4-9

项次	分 类	专 业 知 识
1	通用知识	(1) 熟悉国家工程建设相关法律法规 (2) 熟悉工程材料的基本知识 (3) 掌握施工图识读、绘制的基本知识 (4) 熟悉工程施工工艺和方法 (5) 熟悉工程项目管理的基本知识
2	基础知识	(6) 了解建筑力学的基本知识 (7) 熟悉工程预算的基本知识 (8) 掌握物资管理的基本知识 (9) 熟悉抽样统计分析的基本知识
3	岗位知识	(10) 熟悉与本岗位相关的标准和管理规定 (11) 熟悉建筑材料市场调查分析的内容和方法 (12) 熟悉工程招投标和合同管理的基本知识 (13) 掌握建筑材料验收、存储、供应的基本知识 (14) 掌握建筑材料成本核算的内容和方法

5. 资料员应具备的专业知识

见表 4-10。

资料员应具备的专业知识   表 4-10

项次	分 类	专 业 知 识
1	通用知识	(1) 熟悉国家工程建设相关法律法规 (2) 熟悉工程材料的基本知识 (3) 掌握施工图识读、绘制的基本知识 (4) 熟悉工程施工工艺和方法 (5) 熟悉工程项目管理的基本知识
2	基础知识	(6) 了解建筑构造、建筑设备及工程预算的基本知识 (7) 掌握计算机和相关资料管理软件的应用知识 (8) 掌握文秘、公关写作基本知识
3	岗位知识	(9) 熟悉与本岗位相关的标准和管理规定 (10) 熟悉工程竣工验收备案管理知识 (11) 掌握城建档案管理、施工资料管理及建筑业统计的基础知识 (12) 掌握资料安全管理知识

注："掌握"是最高水平要求，包括能记忆所列知识，并能对所列知识加以叙述和概括，同时能运用知识分析和解决实际问题；"熟悉"是次高水平要求，包括能记忆所列知识，并能对所列知识加以叙述和概括；"了解"是最低水平要求，其内涵是对所列知识有一定的认识和记忆。

（三）施工现场专业岗位群的专业技能

1. 施工员应具备的专业技能

见表 4-11。

施工员应具备的专业技能   表 4-11

项次	分　类	专　业　技　能
1	施工组织策划	（1）能够参与编制施工组织设计和专项施工方案
2	施工技术管理	（2）能够识读施工图和其他工程设计、施工等文件 （3）能够编写技术交底文件，并实施技术交底 （4）能够正确使用测量仪器，进行施工测量
3	施工进度成本控制	（5）能够正确划分施工区段，合理确定施工顺序 （6）能够进行资源平衡计算，参与编制施工进度计划及资源需求计划，控制调整计划 （7）能够进行工程量计算及初步的工程计价
4	质量安全环境管理	（8）能够确定施工质量控制点，参与编制质量控制文件、实施质量交底 （9）能够确定施工安全防范重点，参与编制职业健康安全与环境技术文件、实施安全和环境交底 （10）能够识别、分析、处理施工质量缺陷和危险源 （11）能够参与施工质量、职业健康安全与环境问题的调查分析
5	施工信息资料管理	（12）能够记录施工情况，编制相关工程技术资料 （13）能够利用专业软件对工程信息资料进行处理

2. 质量员应具备的专业技能

见表 4-12。

质量员应具备的专业技能   表 4-12

项次	分　类	专　业　技　能
1	质量计划准备	（1）能够参与编制施工项目质量计划
2	材料质量控制	（2）能够评价材料、设备质量 （3）能够判断施工试验结果
3	工序质量控制	（4）能够识读施工图 （5）能够确定施工质量控制点 （6）能够参与编制质量控制措施等质量控制文件，实施质量交底 （7）能够进行工程质量检查、验收、评定
4	质量问题处置	（8）能够识别质量缺陷，并进行分析和处理 （9）能够参与调查、分析质量事故，提出处理意见
5	质量资料管理	（10）能够编制、收集、整理质量资料

3. 安全员应具备的专业技能

见表 4-13。

安全员应具备的专业技能　　　　　　　　　　　　　　　　表 4-13

项次	分　类	专　业　技　能
1	项目安全策划	（1）能够参与编制项目安全生产管理计划 （2）能够参与编制安全事故应急救援预案
2	资源环境安全检查	（3）能够参与对施工机械、临时用电、设防设施进行安全检查，对防护用品与劳保用品进行符合性审查 （4）能够组织实施项目作业人员的安全教育培训
3	作业安全管理	（5）能够参与编制安全专项施工方案 （6）能够参与编制安全技术交底文件，实施安全技术交底 （7）能够识别施工现场危险源，并对安全隐患和违章作业提出处置建议 （8）能够参与项目文明工地、绿色施工管理
4	安全事故处理	（9）能够参与安全事故的救援处理、调查分析
5	安全资料管理	（10）能够编制、收集、整理施工安全资料

4. 材料员应具备的专业技能

见表 4-14。

材料员应具备的专业技能　　　　　　　　　　　　　　　　表 4-14

项次	分　类	专　业　技　能
1	材料管理计划	（1）能够参与编制材料、设备配置管理计划
2	材料采购验收	（2）能够分析建筑材料市场信息，并进行材料、设备的计划与采购 （3）能够对进场材料、设备进行符合性判断
3	材料使用存储	（4）能够组织保管、发放施工材料和设备 （5）能够对危险物品进行安全管理 （6）能够参与对施工余料、废弃物进行处置或再利用
4	材料统计核算	（7）能够建立材料、设备的统计台账 （8）能够参与材料、设备的成本核算
5	材料资料管理	（9）能够编制、收集、整理施工材料和设备资料

5. 资料员应具备的专业技能

见表 4-15。

资料员应具备的专业技能　　　　　　　　　　　　　　　　表 4-15

项次	分　类	专　业　技　能
1	资料计划管理	（1）能够参与编制施工资料管理计划
2	资料收集整理	（2）能够建立施工资料台账 （3）能够进行施工资料交底 （4）能够收集、审查、整理施工资料
3	资料使用保管	（5）能够检索、处理、存储、传递、追溯、应用施工资料 （6）能够安全保管施工资料

续表

项次	分 类	专 业 技 能
4	资料归档移交	（7）能够对施工资料立卷、归档、验收、移交
5	资料信息系统管理	（8）能够参与建立施工资料计算机辅助管理平台 （9）能够应用专业软件进行施工资料的处理

三、建筑工程技术专业的能力结构

（一）建筑工程技术专业职业能力结构

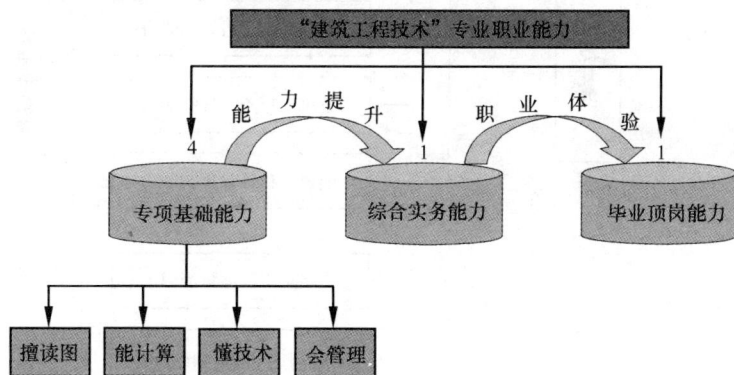

图 4-2 "建筑工程技术"专业职业能力结构

建筑工程技术专业毕业生的职业能力分为三个阶段进行培养如图 4-2 所示：

第一阶段：学校主导，通过专业基础培养平台，培养学生擅读图、能计算、懂技术、会管理四个专项基础能力。四个学期内，在理论教学基础上，采用基本训练、实训操作、现场参观、讲座、项目施工跟踪实践等多种教学方式来培养学生工程图纸识读能力、工程计算分析能力、施工技术应用能力、施工项目管理能力。

第二阶段：校企共同主导，通过专业综合培养平台，培养学生的综合实务能力。用一个学期时间，采用项目教学法，以一个完整的实际工程项目为基础，所有能力项目和典型工作任务均依托同一工程背景，进行施工图识读、校审及图纸会审模拟，高层专项施工方案编制，实施性施工组织设计的编制，工地例会模拟，工程资料编制等，并通过后阶段到校外企业真实职业情境中进行综合实务的实践，以进一步求证校内综合实务各模拟环节的可行性、合理性、科学性。

第三阶段：企业主导，通过职业实践培养平台，培养学生的就业顶岗能力。学生综合运用已经形成的四个专项基础能力和一个综合实务能力，用一个学期时间在建筑业企业真实的职业情境中，在工地指导师傅和校内指导教师的指导下，就施工员、质量员、安全员、材料员、资料员等某一岗位进行顶岗实践，培养学生独立处理工程施工与管理事务，调动施工资源，进行施工现场的协调和指挥，处理技术问题，进行施工质量管理、进度管理、安全管理、成本管理、合同管理、工程资料管理等工作能力。

（二）建筑工程技术专业职业能力分解

如图 4-3 所示。

```
┌─────┐     ┌──────────────────────┐
│ 擅  │─────│  建筑施工图识读与绘制能力  │
│ 读  │     ├──────────────────────┤
│ 图  │     │  结构施工图识读与绘制能力  │
│     │     ├──────────────────────┤
│     │     │  设备施工图基本识读能力    │
└─────┘     └──────────────────────┘
              (a)

┌─────┐     ┌──────────────────────┐
│ 能  │─────│  建筑结构一般计算能力      │
│ 计  │     ├──────────────────────┤
│ 算  │     │  地基基础一般计算能力      │
│     │     ├──────────────────────┤
│     │     │  建筑工程施工计算能力      │
│     │     ├──────────────────────┤
│     │     │  建筑工程计量计价能力      │
└─────┘     └──────────────────────┘
              (b)

┌─────┐     ┌──────────────────────┐
│ 懂  │─────│  建筑工程测量能力         │
│ 技  │     ├──────────────────────┤
│ 术  │     │  建筑材料选用与检测计算能力 │
│     │     ├──────────────────────┤
│     │     │  施工工艺、方法应用能力     │
│     │     ├──────────────────────┤
│     │     │  建筑施工技术标准应用能力   │
│     │     ├──────────────────────┤
│     │     │  施工机械选用能力         │
│     │     ├──────────────────────┤
│     │     │  主要土建工种操作能力      │
└─────┘     └──────────────────────┘
              (c)

┌─────┐     ┌──────────────────────┐
│ 会  │─────│  施工进度管理能力         │
│ 管  │     ├──────────────────────┤
│ 理  │     │  施工质量管理能力         │
│     │     ├──────────────────────┤
│     │     │  安全施工管理能力         │
│     │     ├──────────────────────┤
│     │     │  施工成本管理能力         │
│     │     ├──────────────────────┤
│     │     │  工程合同管理能力         │
│     │     ├──────────────────────┤
│     │     │  信息管理能力            │
└─────┘     └──────────────────────┘
              (d)
```

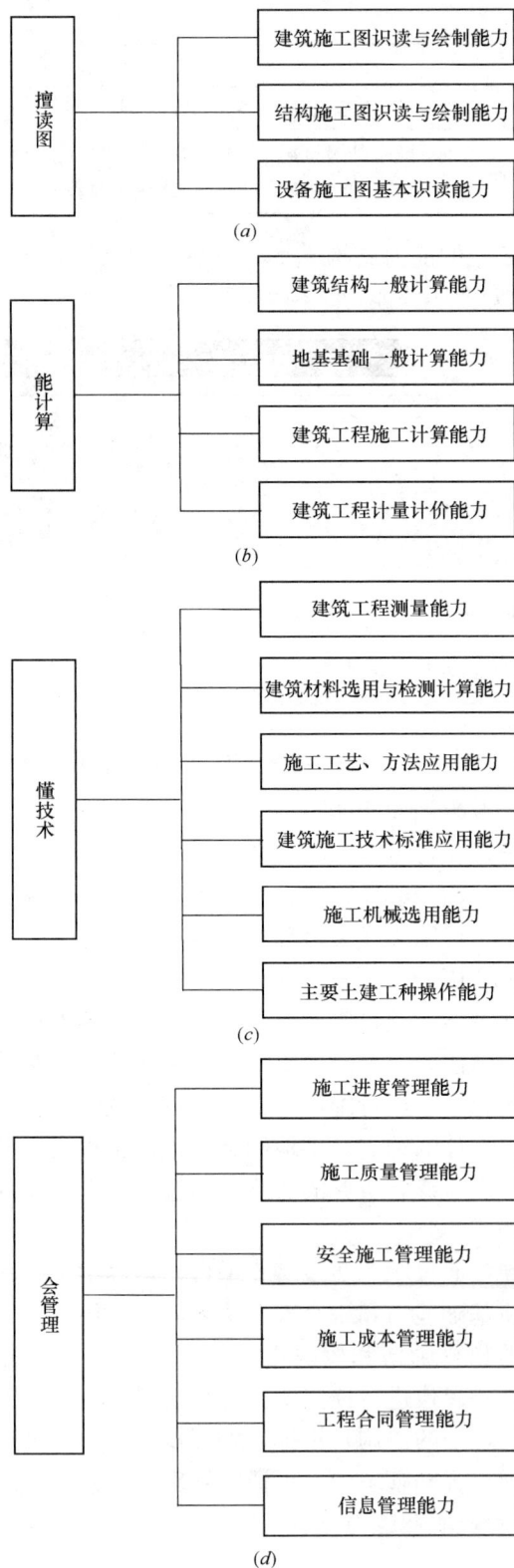

图 4-3　"建筑工程技术"专业职业能力分解（一）

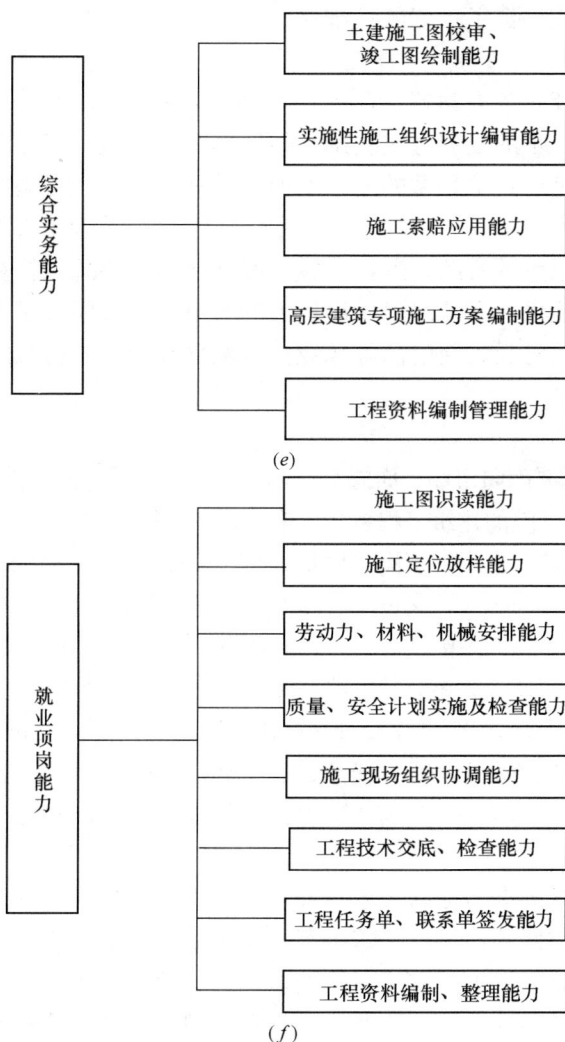

图 4-3 "建筑工程技术"专业职业能力分解（二）

第三节 "411"模式职业能力考核评价体系的构建

"411"模式职业能力考核评价体系的构建过程分为企业调研、能力分解、核心能力提炼、评价体系构建、评价体系应用、评价体系修正完善等六个相互交叉的阶段。该考核评价体系自 2008 年 12 月开始着手研究以来，距今已 3 年多时间，在整个研究过程中，项目组采取"分散研究、集中研讨"的方式，召开多次项目研究讨论会，目前项目研究已完成"411"模式职业能力考核评价体系的构建和初步实践，取得了较显著的成效。

一、企业调研

2008 年，项目组会同浙江建设职业技术学院建筑工程系教师，开展了以建筑工程技术专业职业能力考核评价改革为中心的调研工作。通过此次调研，不仅了解了同类高等职业技术院校专业职业能力考核评价的思路，更掌握了企业对于人才培养的最新要求。为该系下一步开展课程体系改革、实践工学结合、构建专业职业能力考核评价体系、探索基于工作工程人才培养模式奠定了良好的基础。

（一）调研目的

调研的目的在于及时掌握建筑行业最新需求，了解高等职业技术教育发展新趋势，为建筑工程技术专业下一步的发展夯实基础，拓展思路。建筑工程技术专业为浙江省高职高专重点建设专业，也是建筑工程系的主干专业，其教学资源占了建筑工程系的绝大部分。多年来在专业建设和人才培养方面取得了一定的成绩，但是近年来随着建筑行业的发展以及高等职业技术教育思想的不断发展，建筑工程技术专业要想保持在全省同类专业中的领先地位，必须对专业建设和人才培养做出更大的改革。一方面要紧跟建筑行业的最新发展趋势，另一方面则要及时吸收新的高等职业技术教育理论，并将其运用到专业建设中。

1. 问题的提出

（1）需要什么样的人

高等职业技术教育要面向市场、面向企业办学，企业对于人才的需求是专业建设基础和起点。浙江建设职业技术学院的建筑工程系几年来一直在进行人才需求调查，基本明确了建筑工程技术专业面向的岗位群，也掌握了岗位群基本的知识素质和能力要求。但是随着建筑行业的不断发展，社会分工的不断扩大，岗位职责的不断细化和明确，以岗位群为基础的知识素质能力分析，其划分过于粗犷，已不能适应加强内涵建设、进一步提升专业建设质量的需求。同时专业建设已发展到以课程建设为核心的阶段，课程教育教学质量的提高需要建立在极为明确的岗位分析和岗位要求之上。因此，"需要什么样的人"这一问题需要进一步的加以细化，要求明确到主要职责、工作任务范围、具体任务、工作流程、工作对象、工作方法、使用工具、劳动组织方式、与其他任务的关系、所需的知识、能力和职业素养等细节性要求。

（2）怎么样培养学生

专业建设最终的落脚点为提高人才培养质量，因此培养人才的过程和人才培养的方式方法是专业建设中决定性的环节。建筑工程技术专业多年来开创和实践的"411"人才培养模式取得了良好的效果，也具有了一定的影响力。但是近年来随着新的高等职业技术教育思想不断引进，全世界各类高等职业技术教育思想在中国职业技术教育界正在如火如荼的上演，如何使"411"人才培养模式能够与时俱进，适应新的人才培养需求，提升"411"人才培养模式的理论含量和理论价值，是建筑工程系必须面对的一个挑战。

2. 中心的确定

随着浙江建设职业技术学院国家骨干高职院校和省级示范性高职院校建设工作的开展和不断深入，要求开展基于工作过程课程体系和人才培养模式的试点和实践，结合建筑工程系在专业建设过程中关于深化"411"人才培养模式，细化人才培养目标的等现实问题，此项目的企业调研决定将基于工作过程课程体系前期准备工作作为调研的中心。

基于工作过程课程体系的实施需要十分明确培养目标的工作内容、工作职责、工作过程等相关细节，从而更好地划分行动领域、学习领域、学习情景等教学组织环节。因此建筑工程技术专业面向岗位的相关细节调研就显得十分重要。而同时基于工作过程课程的体系对建筑工程系而言是一种全新的教育教学思想，其对教育过程需要进行重构，对"411"人才培养模式也必将产生巨大的改变。因此如何尽快地学习和掌握这一理论，并将其与"411"人才培养模式相结合，也是此次调研中需要解决的问题。

基于以上两点考虑，此项目的企业调研确定为明确土建施工员、质检员等岗位的主要职责、工作任务范围、具体任务、工作流程、工作对象、工作方法、使用工具、劳动组织方式、与其他任务的关系、所需的知识、能力和职业素养等。掌握基于工作过程课程体系在全国同类土建类专业中实施的基本情况，以及运行过程中可能遇到的问题。基本明确基于工作过程课程体系实施的基本要求和条件。

（二）调研概况

项目组的企业调研是近年来浙江建设职业技术学院规模最大，涉及人数最多、涉及企业最多、调研内容最为细致专业的一次，也是近年来调研工作中采用方法最丰富，获得成果最为丰硕的一次。

1. 调研方法

因为调研内容要求较为细致，需要实现的目标较为具体，所以在调研方法上主要采用现场调研法，主要有以下几种。

（1）企业研讨会

主要针对于建筑工程系具有良好合作关系的企业，同时又在建筑行业具有一定的影响力度的企业进行专门走访，在企业邀请一线技术人员、项目经理、经营管理人员等进行岗位工作任务、职责、流程等内容的研讨，对整个岗位群的相关内容进行调研。

（2）走访兄弟院校

主要走访已经开始试行基于工作过程课程体系的国家示范高级院校和具有一定影响力的同类高职院校。主要通过参观兄弟院校的相关设施、与相关教师进行座谈、现场了解等方式，了解基于工作过程课程体系的实施情况以及取得的经验。同时通过走访兄弟院校，也了解兄弟院校在人才需求、人才规格、工作内容等方面的信息。

（3）出国考察和参加专业会议

根据调研的要求，项目组在安排和组织教师参加各种考察、专业会议前，给各位教师安排相应的调研要求，在参加会议的同时必须完成要求的调研工作，将参加会议与专业调研相结合，以达到资源的有效利用，实现调研工作的顺利完成的目的。

（4）结合其他工作开展调研

2008年，适逢浙江建设职业技术学院五十周年校庆，学院建筑工程系有不少教师承担了50周年校庆地区校友会联络的任务，在这些教师参与校友会联络的过程中，接触了大量的校友、各种企业家、各级建筑行政主管部门领导以及各类工程技术人员。这些接触有效地收集了人才标准、质量、工作内容等信息。同时还结合专业指导委员会、教材建设、校友进校园、专业评估等工作，邀请相关专家学者、技术人员等进入校园，通过座谈会、意见反馈等形式开展调研工作，更好地了解了行业、企业对于人才的要求。

通过以上各种方式的开展，基本构建了一个涉及企业、行业、学校等所有相关单位，面向一线技术人员、经营管理人员、专家学者、学生、教师的调研面。

2. 调研过程

几年来，项目组到浙江省建工集团、浙江省某建设集团、浙江东冠建设股份有限公司、浙江华元建设股份有限公司、浙江升华房地产股份有限公司、浙江质安监理有限公司等单位进行调研，邀请了企业的负责人、技术骨干、一线操作技术人员、经营管理人员等召开座谈会，对各企业中施工员、质检员、安全员等施工现场管理岗位的技术人员必须具备的基本能力、职业素质、掌握的基本知识有了详细的了解。

项目组还走访了四川建筑职业技术学院、黑龙江建筑职业技术学院、温州职业技术学院、湖北城建职业技术学院等国家级示范院校。了解这些院校在人才培养方面的经验，特别是在人才培养目标的确定，关于相关岗位群的职责、工作任务范围、具体任务、工作流程、工作对象、工作方法、使用工具、劳动组织方式、与其他任务的关系、所需的知识、能力和职业素养等，以及相关行动领域、学习情景的确定等。

2008 年，学院建筑工程系在派出骨干教师组成的团队参加基于工作过程课程开发的中德师资培训班的基础上，继续组织相关教师开展基于工作过程课程体系开发的调研。2008 年组织骨干参加了在陕西杨凌召开的由国家示范高职院校牵头的"建筑工程技术专业课程开发与教学资源建设"会议，学习兄弟院校关于基于工作过程的课程开发先进经验。同时按照学院的安排，还派出了部分骨干教师前往德国学习相关经验和知识。这些老师在参加会议的同时，也积极开展考察研究，掌握了相关院校和组织关于培养目标、岗位分析等情况。

2008 年，项目组部分教师承担了地区校友会联络的工作，在联络过程中积极了解各企业、地区行业对于人才的需求；同时，学院建筑工程系召开了建筑工程技术和工程监理专业指导委员会会议，邀请专家对人才培养的过程和目标进行指导，同时依托"建工论坛"邀请企业专家进校进行指导。

3. 分析总结

调研范围覆盖了企业、行业、行政主管部门、一线技术人员、企业管理人员、经营管理人员、教师、学生、专家学者等几乎所有建筑工程技术专业的利益相关单位和个人，调研面大，取得了比较丰富和全面的结果。调研方式较为多样，在调研过程中方式多样，使得调研不但照顾了面上的了解，也进行了较为深入的调研，因此在调研的面和深度上都获得了较好的效果，调研成果具有较大的可信度。本项目调研工作在调研涉及面、调研方式、参与人员等都比以前有较大的突破，调研工作与其他工作结合较好。因此此次调研极好地促进了教学工作的开展，也促进了校庆、专业指导委员会等其他工作的顺利进行。

（三）调研成果

本项目的调研工作取得了良好的效果，形成了一份较为完整的建筑工程技术专业岗位工作表，收集和整理了建筑工程技术专业面向的施工员、质检员等相关岗位的职责、工作任务范围、具体任务、工作流程、工作对象、工作方法、使用工具、劳动组织方式、与其他任务的关系、所需的知识、能力和职业素养等方面的资料。同时也了解了基于工作过程课程体系的运行基本模式和其开发的基本过程。

1. 课程开发

基于工作过程课程体系的开发实施是高等职业技术教育下一步发展的重点，这已经成为全国同类高职院校的共识。目前国家级示范院校已经开始了相关工作，建筑工程技术专业必须迎头赶上。基于工作过程课程体系的实施对教师提出了更高的要求，建筑工程系现有教师基本可以满足将来改革的需要，但是对年轻教师需要加强培养。教学资源方面，教材将成为制约该课程体系的因素，建筑工程技术专业需要早规划，争取独立开发出一套适应建筑工程系基本条件的特色教材。基于工作过程课程体系的实施过程中，教学管理将较为复杂，对今后的教学管理系统如何进行改革需要研究。

2. 岗位工作表

见表 4-16～表 4-20。

表 4-16

施工员岗位分析表

主要工作职责	工作流程	工作对象	工作用分析	工作组织	知识	能力	职业素养
1. 参与施工组织管理策划及制定管理制度 参与编制施工组织设计	→熟悉施工图纸、施工合同、预算文件 →学习工程建设规范、规程、条例 →依据管理规划大纲、目标责任书、施工能力等,参与编制施工组织设计	●施工图、标准图集 ●工程建设规范、规程、条例 ●管理规划大纲、目标责任书、施工方法、工艺流程	●指导施工准备工作的依据,为实现施工目标提供技术保证 ●指导组织开展施工活动的依据 ●为资源的组织供应工作,施工现场平面管理提供依据 ●做好施工现场组织协调工作的基础	项目经理负责,技术负责人实施,其他专业技术管理人员参与	1. 识图知识 2. 国家强制性标准(质量和安全) 3. 国家标准一般规定 4. 施工技术 5. 施工组织基本知识 6. 项目管理基本知识	1. 应用国家强制性标准的能力 2. 应用国家标准一般规定的能力	1. 职业责任心 2. 团队精神,组织协调 3. 细致周到,认真负责,严格
2. 参与图纸会审、技术核定、技术复核 参与图纸会审	→熟悉施工图纸 →学习工程建设规范 →参与图纸会审	●施工图、标准图集 ●工程建设规范 ●施工方法、工艺流程	●为工程施工提供技术保障	技术负责人负责,专业技术人员分别学习技术文件,修改、建议汇总(分工合作)	1. 房屋建筑学基本知识 2. 国家强制性标准 3. 国家标准一般规定 4. 力学与结构基础知识 5. 建筑材料(常用)基本知识 6. 施工组织基础知识 7. 项目管理基本知识	1. 识图能力 2. 查阅资料的方法和路径的能力 3. 施工组织的能力	1. 职业责任心 2. 团队精神 3. 细致周到,认真负责
参与技术核定	→提出建议 →参与单位参加的共同核定会议	●某个施工环节	●为某个施工环节施工提供技术保障	技术负责人针对某个施工环节提出具体的方案、方法、工艺、措施等方法,建议、经发包方(参与)和有关单位共同核定并确认			
参与技术复核	→熟悉施工图纸 →检查 →验收 →确认	●重要或关键的施工环节(定位放线、轴线、标高、混凝土与砂浆配合比等)	●为确保重要或关键部位的施工质量等提供技术保障	技术负责人负责,组织专业技术人员对关键工程重要或关键的施工环节进行检查、验收,确认			

续表

主要工作职责	工作流程	工作对象	工作作用分析	工作组织	知识	能力	职业素养
3. 负责组织施工作业班组的技术交底	组织技术交底 →熟悉施工图纸、施工合同、施工方案 →向施工作业班组进行图纸、任务、进度、质量、安全和环境交底	●施工作业班组	●各分项工程施工的前提、依据 ●各分项工程控制的前提 ●各分项工程施工质量、进度、安全的保证	参加技术负责人的技术交底，向施工作业班组交底，质量员、安全员组长协助参与	1. 识图知识 2. 国家标准强条知识 3. 国家标准的一般规定 4. 验收标准 5. 施工技术基本知识 6. 项目管理基本知识	1. 应用国家强制性标准的能力 2. 应用国家标准一般规定的能力 3. 应用施工常规验收标准的能力 4. 应用施工安全标准、常用规定、施工安全常识的能力	职业责任 1. 职业责任心 2. 团队精神、组织协调 3. 细致周到、严格、认真负责
4. 负责组织测量放线	测量放线 →熟悉施工图图纸 →依据建设单位提供的坐标、水准点 →导线、水准测量 →定位放线 →报验 →监理、建设单位复验	●建筑物平面定位放线 ●水准点	●为工程施工提供条件和技术保障	技术负责人指导下、组织测量放线及质量员等进行验线	1. 识图知识 2. 懂得仪器操作知识 3. 测量计算知识 4. 绘图知识	1. 识图能力 2. 仪器操作能力 3. 测量计算能力 4. 绘图能力	1. 职业责任心 2. 团队精神、组织协调 3. 细致周到、严格、认真负责
5. 负责编制施工作业计划，进行进度控制 负责编制、落实施工作业计划（月、周、旬、日计划） 施工进度控制	熟悉施工进度计划、预算工程量 →施工阶段工程量计算 →依据施工阶段资源安排 →编制施工作业计划 以施工作业计划为依据 →施工过程中跟踪检查 →发现问题，分析原因 →及时采取措施，调整施工进度计划	●月、周、旬、日工程量 ●劳动力供应、材料供应、机械调配 ●施工作业计划 ●施工任务 ●施工作业班组	●以施工进度计划为控制依据 ●明确工作内容、进度阶段工作任务的实现 ●为编制资源需求量计划提供依据 ●监控施工工期目标完成情况 ●调整施工进度计划，进行目标分解，下达施工任务的依据 ●以施工进度计划为依据，保证施工工期目标的完成	以施工进度计划为控制依据，在主班施工员指导下，班组独立编制并落实施工作业计划 以施工进度计划为控制依据，在主班施工员指导下，班组长协作下负责组织实施，协助项目经理和技术负责人调整施工进度计划	1. 识图知识 2. 建筑材料知识 3. 施工组织基础知识 4. 施工组织设计预算常识 5. 劳动定额、产量常识 6. 流水施工、机械施工 7. 网络计划技术基本知识	1. 施工技术及参与编制施工组织设计计算能力 2. 工程量核算能力及成本核算能力 3. 人工、材料、机械合理安排能力 4. 应用专业软件绘制进度计划表的能力 5. 应用专业软件绘制网络图	职业责任 1. 职业责任心 2. 团队精神、组织协调 3. 细致周到、严格、认真负责

续表

主要工作职责	工作流程	工作对象	工作作用分析	工作组织	知识	能力	职业素养
6. 负责下达施工任务书，参与编制资源需求计划	下达施工任务书：→以施工作业计划为依据 →下达施工任务	• 施工作业计划 • 施工作业班组	• 施工工期目标分解下达实施 • 进度控制工作的前提	独立完成	1. 施工图预算基本常识 2. 建筑材料基本知识 3. 劳动定额、机械台班产量	1. 工程量计算及成本核算能力 2. 人工、材料、机械合理安排能力 应用专业软件编制资源计划	1. 职业责任心 2. 团队精神、组织协调 3. 细致周到、严格、认真负责
	参与编制资源需求计划：→熟悉预算文件、施工阶段工程量计算 →编制资源需求计划	• 资源需求量计划	• 以施工作业计划为控制依据 施工作业计划完成	以施工作业计划为依据，参与编制资源量计划			
7. 参与做好施工现场组织协调工作，合理调配生产资源	参与施工现场协调：→了解情况 →参与组织协调 →负责落实	• 建设、设计、勘察、监理建设主体 • 参与施工（总分包）、各单位、各专业协作单位、各工作	• 确保施工任务的圆满完成	协助项目经理协调施工现场组织协调工作	专业基础知识	1. 文字表述能力 2. 沟通能力	1. 职业责任心 2. 团队精神、组织协调 3. 严谨认真负责
8. 参与成本、合同、采购管理	成本管理：→成本目标经济签证、现场控制、成本核算 →工程价收款结算（及时收回工程款）→工程竣工决算	• 成本目标 • 施工全过程 • 工程价款结算 • 工程竣工决算	• 降低工程成本 • 企业效益	• 本目标、现场经济签证、成本核算 • 负责施工作业过程施工控制，工程价款结算 • 协助造价员开展工作	1. 工程预算基本知识 2. 工程成本管理基本知识 3. 工程材料管理基本知识 4. 工程材料管理的基本知识 5. 工程材料基本知识	1. 工程量核算及成本核算能力 2. 工程合同管理能力 3. 制定采购计划，进行市场调研和签订采购合同能力	1. 职业责任心 2. 团队精神、组织协调 3. 细致周到、认真负责 4. 坚持原则
	合同管理：→合同订立 →履行控制、变更索赔 →终止	• 学习合同法 • 经济合同	• 确保施工任务的圆满完成	• 参与合同签订、履行、变更 • 负责工程索赔 • 负责收集反索赔的理由、依据			

续表

主要工作职责		工作流程	工作对象	工作用分析	工作组织	知识	能力	职业素养
8.参与成本、采合同、采购管理	采购管理	→采购计划 →市场调研 →确定供应或服务单位 →签订采购合同 →进场验收 →处理不合格产品或不符合要求的服务	●市场调研 ●采购合同 ●问题	●确保按计划组织施工	●参与制定采购计划、市场调研、签订采购合同 ●协助材料员开展工作			
9.负责实施工现场平面布置的动态管理	施工现场平面布置动态管理	→按施工现场平面布置进行布置 →按不同施工阶段调整施工现场平面布置 →施工过程检查 →按文明施工要求、发现问题、分析原因 →采取措施、及时整改、复查验收	●文明施工要求 ●生活区、管理区、操作区 ●职业健康安全	●正常生产秩序的根本保证 ●企业声誉、效益	以施工员、安全员为工作主体，其他所有人员参与配合，共同管理	1.施工图识读绘制的基本知识 2.工程施工工艺和方法 3.工程项目管理的基本知识	1.施工图和其他工程设计、施工文件识读能力 2.施工现场平面布置能力 3.参与施工过程检查能力	1.职业责任心 2.团队精神、组织协调 3.细致周到、严格、认真负责 4.坚持原则
10.负责作业过程的质量、职业健康安全、环境管理	质量管理	→质量目标 →质量预控 →建立质量管理体系 →施工作业过程质量控制（质量控制点、分部、分项、隐蔽分项、单位工程质量验收）→质量问题（质量事故、分析原因）→采取措施、及时整改	●质量目标 ●预控措施 ●施工全过程（施工作业班组）●质量问题（质量事故）	●确保施工质量	●参与制定质量目标、预控措施 ●负责过程质量控制 ●参与质量问题（质量事故）处理 ●协助质量员开展工作	1.国家标准（安全文明）条文知识 2.国家标准规定一般性规范 3.验收标准 4.工程所在地规定 5.文明施工基本知识	1.识图能力 2.应用国家强制性标准（安全文明）的能力 3.应用国家标准一般性规定的能力 4.应用安全文明验收标准的能力 5.工程所在地能力 6.应用安全文明施工常识能力	1.职业责任心 2.团队精神、组织协调 3.细致周到、严格、认真负责 4.坚持原则

续表

主要工作职责	工作流程	工作对象	工作作用分析	工作组织	知识	能力	职业素养
10. 负责作业过程的质量、职业健康安全、环境管理	职业健康安全管理 →安全目标 →职业健康安全预控 →建立职业健康安全管理体系 →施工全过程职业健康安全控制(安全防范重点、安全教育、安全检查、安全生产责任制) →安全隐患(安全事故),分析原因,及时整改 环境管理 →环境目标 →环境预控 →建立环境管理体系 →施工作业过程环境控制 →发现问题,及时整改	● 安全目标 ● 预控措施 ● 施工全过程(施工作业班组) ● 安全隐患(安全事故) ● 环境目标 ● 预控措施 ● 施工全过程(施工班组) ● 问题	● 确保施工安全 ● 确保文明施工	● 参与制定安全目标、预控措施 ● 负责安全控制工作 ● 施工全过程安全隐患(安全事故)处理 ● 协助安全员开展工作 ● 参与环境目标、预控措施的制定 ● 负责环境控制工作 ● 施工全过程环境问题同处理	1. 国家标准强条知识(安全全文说明) 2. 国家标准一般性规定 3. 验收标准 4. 工程所在地规定 5. 文明施工基本知识	1. 识图能力 2. 应用国家强制性标准的能力(安全全文说明) 3. 应用国家标准一般性规定的能力 4. 应用安全标准的能力 5. 应用验收标准所在地规定的能力 6. 应用安全全文明施工常识能力	1. 职业责任心 2. 团队精神、组织协调 3. 严格、认真负责 4. 坚持原则
11. 负责施工日志、施工记录等相关资料	施工日志 →采集资料 →填写施工日志 施工记录 →查阅工程建设规范 →采集专用表格 →填写表格 施工资料检验批验收	● 施工全过程 ● 工程建设规范规定的专项施工记录	● 真实反映施工进度、质量、安全等情况 ● 作为竣工验收资料收集	● 独立采集记录 ● 共同采集,独立完成记录、技术负责人审核	1. 文本处理知识 2. 专业基础知识	1. 文字表述能力 2. 采集、记录、整理资料的能力	1. 职业责任心、公正诚信 2. 团队精神、组织协调 3. 严格、认真负责 4. 良好工作习惯
12. 负责汇总、组卷、整理、移交施工资料	工程技术档案资料 →查阅工程建设规范 →编制工程技术资料 →汇总、整理、移交工程施工资料	● 工程建设规范 ● 工程技术档案	● 真实反映工管理情况 ● 作为竣工验收资料收集 ● 建立工程技术档案	● 协助资料员编制施工技术资料(及时、准确、真实、齐全) ● 负责汇总、组卷、组织、移交工程施工资料	1. 国家工程建设相关法律法规 2. 工程项目管理的基本知识 3. 计算机和相关信息管理软件的应用知识	应用专业软件对工程信息资料进行处理	1. 职业责任心、公正诚信 2. 团队精神、组织协调 3. 细致周到、认真负责 4. 良好工作习惯

表 4-17

质量员岗位分析表

主要工作职责	工作流程	工作对象	工作用分析	工作组织	知识	能力	职业素养
1. 参与制定质量管理制度、施工质量控制计划	参与工程的施工质量控制 →施工技术准备阶段 →现场施工准备阶段 →施工过程阶段 →施工验收阶段	施工图 施工验收规范 施工合同	确保工程质量符合施工验收规范、施工合同要求	项目负责人负责，技术负责人负责，实施，质量员参与	1. 识图 2. 国家标准强条知识 3. 国家标准一般规定 4. 施工技术及施工验收规范 5. 施工组织基础知识 6. 项目管理基本知识	1. 应用国家强制性标准的能力 2. 应用国家规定的能力 3. 应用常规验收标准的能力 4. 工安全标准、施工常识规定，施工全基础常识的能力	1. 职业责任心 2. 团队精神，组织协调 3. 细致周到 严格、认真负责
2. 参与材料、设备采购，负责进场材料、设备进场的质量核查资料，保证资料，负责材料的抽样复验，监督施工试验，跟踪施工试验	参与材料、设备的采购，核查、质量保证资料 →采购计划 →市场调研 →确定供应或服务单位 →签订采购合同 →进场进验 →处理不合格产品或不符合要求的服务	施工图 材料标准 采购合同	确保按计划组织施工	材料员负责，质量员参与	1. 识图 2. 国家强制性标准（质量和安全） 3. 国家标准一般规定 4. 施工技术及施工验收规范 5. 施工组织基础知识 6. 建筑材料（常用）基本知识	1. 应用国家强制性标准的能力 2. 应用国家规定的能力 3. 应用常规验收标准的能力 4. 工安全标准、施工常识规定，施工全基础常识的能力	1. 职业责任心 2. 团队精神，组织协调 3. 细致周到 严格、认真负责
进场材料的抽样复验	→取样 →试验	施工验收规范、材料标准 施工图	确保工程质量符合施工验收规范要求	材料员负责，质量员监督实施			
施工试验	→抽样 →试验	施工图 施工验收规范	确保工程质量符合施工验收规范和施工合同的要求	施工员负责，质量员进行监督、跟踪			

续表

主要工作职责	工作流程	工作对象	工作作用分析	工作组织	知识	能力	职业素养
3. 参与图纸会审、技术复核、隐蔽验收 参与图纸会审	→熟悉施工图纸 →学习工程建设规范 →参与企业内部会审 →参与图纸会审	施工图、标准图集 工程建设规范、工 施工方法、工艺流程	为工程施工提供技术保障	技术负责人负责、专业技术人员分别学习技术文件、修改、建议汇总（分工合作）	1. 房屋建筑学基本知识 2. 国家强制性标准 3. 国家标准的一般规定 4. 施工验收规范	1. 识图能力 2. 查阅和路径的能力方法 3. 施工技术及施工组织的能力	1. 职业责任心 2. 团队精神 3. 细致周到，认真负责
参与技术复核	→熟悉图纸 →检查 →验收 →确认	重要或关键环节（定位放线、轴线、标高、混凝土与砂浆配合比等）	为确保重要或关键部位的施工质量等提供保障	技术负责人负责、组织专业技术人员对工程重要或关键环节进行检查、验收、确认	5. 力学与结构基础知识 6. 建筑材料（常用）基本知识 7. 施工技术及施组织基础知识 8. 项目管理基本知识		
参与隐蔽验收	→熟悉施工图纸 →检查 →验收 →确认	隐蔽工程（建筑物重点部位）	为确保隐蔽工程的施工质量提供技术保障	技术负责人负责、组织专业技术人员对隐蔽工程进行检查、验收、确认			
4. 参与制定工序质量措施、负责工序质量检查 参与制定工序质量措施	→工序质量的工作计划 →工序活动条件 →工序活动效果 →工序质量控制点	施工图、标准图集 施工验收规范 工序控制点	分项、分部工程质量保证基础	技术负责人负责制定、质量员参与	1. 识图知识 2. 国家强制性标准 3. 国家标准的一般规定 4. 施工验收规范 5. 施工技术基本知识 6. 项目管理基本知识	1. 识图能力 2. 查阅和路径的能力方法 3. 施工技术及施工组织的能力	1. 职业责任心 2. 团队精神 3. 细致周到，认真负责
负责工序质量检查	→熟悉施工图验收规范 →依据施工验收 →发现问题，及时整改 →复查	工序操作质量行为	分项、分部工程质量保证基础	技术负责人负责、质量员参与、召集班组人员检查并记录			

续表

主要工作职责	工作流程	工作对象	工作作用分析	工作组织	知识	能力	职业素养
5. 负责检验批和分项工程质量验收、评定，参与分部工程和单位工程的质量验收、评定 负责检验批和分项工程的质量验收、评定	→主控项目和一般项目抽检 →施工操作依据、质量检查记录	施工图 施工验收规范 施工合同	分项、分部工程质量保证基础	技术负责人负责，质量员参与	1. 识图 2. 国家强制性标准（质量和安全） 3. 国家标准一般规定 4. 施工验收规范 5. 施工技术	1. 应用国家强制性标准的能力 2. 应用国家规定一般规范的能力 3. 应用常规验收标准的能力 4. 应用行业标准、施工安全规定、施工常识基础常识的能力	1. 职业责任心 2. 团队精神、组织协调 3. 细致周到 4. 严格、认真负责
参与分部和单位工程的质量验收、评定	→检验批验收评定 →施工操作依据、质量检查记录	施工图 施工验收规范 施工合同	工程质量保证基础	设计、勘察项目负责人、施工单位项目负责人和技术负责人，质量部门负责，质量员参加与			
6. 参与制定质量通病预防和纠正措施，负责监督质量缺陷的处理，参与质量事故的调查、分析和处理 参与制定质量通病预防和纠正措施	→常见质量问题的原因分析 →常见质量问题的预防措施 →常见质量问题的处理	施工图 施工验收规范 施工合同	工程质量保证基础	技术负责人负责，质量员参与	1. 识图 2. 国家强制性标准（质量和安全） 3. 国家标准一般规定 4. 施工验收规范 5. 施工技术	1. 应用国家强制性标准的能力 2. 应用国家规定一般规范的能力 3. 应用常规验收标准的能力 4. 应用行业标准、施工安全规定、施工常识基础常识的能力	1. 职业责任心 2. 团队精神、组织协调 3. 细致周到 4. 严格、认真负责
负责监督质量缺陷的处理	→质量缺陷的原因分析 →质量缺陷的处理	施工图 施工验收规范 施工合同	工程质量保证基础	施工员负责，质量员进行监督、跟踪			
参与质量事故的调查、分析和处理	→质量事故报告 →质量事故原因调查、分析 →质量事故处理	施工合同 施工验收规范 质量事故处理记录	工程质量保证基础	根据损失的严重程度，建设行政主管部门调查处理，质量员按要求参与			

续表

主要工作职责	工作流程	工作对象	工作作用分析	工作组织	知识	能力	职业素养
负责质量检查记录，编制质量资料	→查阅工程建设规范 →编制质量资料	工程建设规范 工程技术档案	●真实反映施工管理情况 ●作为竣工验收资料	质量员负责编制质量资料（及时、准确、齐全）	1. 文本处理知识 2. 专业基础知识	1. 文字表述能力 2. 及时采集、记录、整理资料的能力	1. 职业责任心 2. 细致周到、严格、认真负责
7. 负责质量检查资料的记录、以及汇总、整理，移交质量资料	→汇总、整理 →移交质量资料	工程建设规范 工程技术档案	●真实反映施工管理情况 ●作为竣工验收资料	质量员负责汇总、整理，移交质量资料	1. 国家工程建设相关法律法规 2. 工程项目管理的基本知识 3. 计算机和相关资料信息管理软件的应用知识	1. 文字表述能力 2. 及时采集、记录、整理资料的能力	1. 职业责任心 2. 细致周到、严格、认真负责

表 4-18

安全员岗位分析表

主要工作职责	工作流程	工作对象	工作作用分析	工作组织	知识	能力	职业素养
1. 参与制定项目安全生产管理计划，施工现场安全事故应急救援预案，建立安全生产责任制度	参与制定项目安全生产管理计划 →制定安全控制目标 →控制程序 →组织机构、规章制度 →安全措施	施工现场	安全文明施工的基础	项目经理负责，安全员参与	1. 施工项目安全生产管理计划的主要内容 2. 施工项目安全生产管理计划的编制办法 3. 项目安全管理计划的编制依据 4. 项目安全检查制度和计划 5. 安全事故应急响应程序 6. 施工现场安全事故应急救援预案的规定 7. 施工安全生产责任制的管理规定	1. 安全意识和预控能力 2. 编制项目安全生产管理计划	1. 职业责任心 2. 团队精神 3. 细致周到、认真、严格负责
	参与制定紧急救援预案 →建立应急救援组织 →配备必要应急救援器材、设备	施工现场	为迅速处理施工现场发生的安全事故提供组织保证	项目经理负责，安全员参与			

续表

主要工作职责	工作流程	工作对象	工作作用分析	工作组织	知　识	能　力	职业素养
2. 参与开工前安全条件、施工机械、施工用电、消防设施等安全检查	→检查，发现问题，及时整改 →复查 →验收	施工现场施工机械 施工用电 消防设施	安全文明施工的保证	建设行政主管部门负责审查开工前安全条件，安全员参与检查	1. 施工安全标准化工作及安全管理相关的管理规定和标准 2. 施工安全生产组织保障和安全许可的管理规定 3. 建筑起重机械安全技术规范的要求、建筑起重设备使用的规定，起重吊装及安全安装拆卸工程安全技术措施的规范的要求 4. 施工用电安全技术规范的要求 5. 施工现场消防安全规范的要求和建筑施工消防安全的规定 6. "文明施工"和"绿色施工"的管理知识 7. 施工现场临时设施和封闭管理的规定	1. 检查和评价施工现场施工安全 2. 检查和评价施工现场临时用电安全 3. 检查和评价施工现场消防设施安全 4. 进行施工和绿色施工现场文明施工的检查评价	1. 职业责任心 2. 团队组织协调精神，组织协调 3. 细致、严格，认真周到，负责
3. 负责防护用品和劳保用品的符合性审查，负责教育培训和特种作业人员资格审查　符合性审查和持证上岗	→检查（防护用品、劳保用品，持证情况）→发现问题及时整改 →复查	防护用品 劳保用品 作业人员	正确使用防护用品和劳保用品 确保操作人员持证上岗	安全员负责	1. 施工人员劳动保护用品的规定和劳动保护用品标准 2. 工程项目安全教育培训计划、施工现场安全教育培训内容，班前安全教育活动 3. 建筑施工特种作业人员管理的规定	1. 进行安全帽、安全带、安全网和劳动防护用品的符合性判断 2. 能够组织实施项目日常的安全教育培训	1. 职业责任心 2. 团队组织协调精神，组织协调 3. 细致、严格，认真周到，负责

续表

主要工作职责	工作流程	工作对象	工作作用分析	工作组织	知识	能力	职业素养
4. 参与编制专项施工方案和安全技术交底	→熟悉施工图纸 →找出关键点 →计算、选择安全方案 →制定措施 →编制	危险性较大的分项、分部工程专项施工方案	安全文明施工的技术保证	技术负责人负责，其他专业技术管理人员参与，安全员执行	1. 危险性较大的分部分项工程安全管理的规定 2. 安全专项施工方案的主要内容、安全专项施工方案的基本编制办法 3. 土方开挖与基坑支护、土方作业安全技术措施和基坑支护水工安全技术规范的要求以及降水工安全技术措施 4. 高处作业安全技术规范的要求 5. 模板工程安全技术措施和建筑施工模板安全管理的规定的要求 6. 脚手架工程安全技术规范和脚手架安全技术措施 7. 季节性施工安全技术措施 8. 分项工程安全技术交底文件 9. 施工作业人员安全生产权利和义务的规定	1. 识图能力 2. 编制专项工方案 3. 安全意识和预控能力 4. 能够参与编制安全技术交底文件，并实施安全技术交底	1. 职业责任心 2. 团队精神 3. 细致周到、严格认真负责
5. 负责施工作业安全及消防安全的检查和危险源的识别，对违章作业和安全隐患进行处置	→熟悉施工图纸、施工合同、施工方案 →危险源识别 →检查、发现问题，及时整改 →复查	施工现场作业班组	安全文明施工的保证	安全员负责	1. 危险源的种类 2. 与施工现场有关的危险源 3. 施工现场人的行为不当有关安全技术的危险 4. 与施工现场机械设备不安全状态有关的危险源、环境管理不当有关的危险源 5. 施工现场临边、洞口防护安全 6. 分部分项工程施工安全技术措施	1. 识别与施工现场管理缺失有关的危险源，并提出处置意见 2. 识别施工现场人的行为不当并提出有关处置意见 3. 识别与施工现场机械设备不安全状态有关的危险源，并提出有关处置意见 4. 识别施工现场防护、环境管理不当有关的危险源，并提出处置意见 5. 检查和评价施工安全分部分项施工工程安全技术措施	1. 职业责任心 2. 团队组织协调精神 3. 细致周到、严格认真负责

续表

主要工作职责	工作流程	工作对象	工作作用分析	工作组织	知　　识	能　　力	职业素养
6. 参与组织安全事故应急救援、调查、分析	参与安全事故处理 →救援、报告、采取措施、保护现场 →调查、分析	发生的安全事故	安全事故处理	建设行政主管部门牵头处理，安全员按要求对安全事故的调查、分析，调查人员协助的调查、分析	1. 施工现场安全事故的主要类型 2. 施工现场安全生产重大隐患及多发性事故 3. 施工现场安全事故的主要防范措施 4. 重大隐患排查治理挂牌督办的规定 5. 安全生产事故报告和应采取措施的规定 6. 安全性安全事故的主要救援方法、多发性安全事故应急救援措施 7. 安全事故的处理程序及要求	1. 能够参与进行安全事故的救援及处理 2. 根据应急救援预案采取相应的应急措施 3. 提供编写事故报告的基础资料	1. 职业责任心 2. 团队精神、组织协调 3. 细致周到、严格、认真负责
7. 负责安全生产的记录以及汇总、整理、移交安全资料	负责安全生产记录、编制安全资料 →查阅工程建设规范，工程管理规定 →编制安全生产资料	安全生产资料	真实反应施工过程管理情况	安全员编制安全生产资料（及时、准确、真实、齐全）	1. 工程项目安全资料 2. 安全检查报告和总结	能够编制、收集、整理施工安全资料	1. 认真负责 2. 细心 3. 安全环保意识
	负责汇总、整理、移交安全资料 →汇总、整理 →移交安全资料	工程技术档案	真实反应施工过程管理情况	安全员负责汇总、整理、移交安全资料			

表 4-19

材料员岗位分析表

主要工作职责	工作流程	工作对象	工作作用分析	工作组织	知识	能力	职业素养
1. 参与编制材料、设备配置计划与调整计划，建立材料、设备管理制度	编制材料、设备计划 →熟悉施工进度计划 →依据资源需求量计划、施工作业计划 →编制材料计划与调整计划	• 资源需求量计划 • 施工作业计划	• 保证材料及时足额供应，为工程施工提供资源保障	项目经理组织，技术负责人负责，材料员参与编制与动态调整	1. 工程材料、设备的基本知识 2. 工程施工工艺和方法 3. 工程项目管理的基本知识	1. 参与编制材料、设备配置管理计划与实施的能力 2. 材料、设备配置管理计划动态调整的能力	1. 认真 2. 细致 3. 及时 4. 敏锐
2. 负责收集材料、设备的价格信息及选购，参与供应单位的评价选择，参与客户沟通、采购合同管理	材料、供应商选择 →市场调研 →材料选择 →与客户沟通 →供应单位选择	• 市场 • 供应单位	• 降低成本，保证供应	项目经理负责，材料员及其他相关人员参与	1. 工程材料、设备基本知识 2. 建筑材料、设备调查分析的内容和方法 3. 材料、设备招投标的基本知识	1. 分析建筑材料市场信息与采购能力 2. 应用专业知识与客户沟通的能力	1. 职业责任心、认真负责 2. 细致周到、认真负责 3. 善于沟通
	参与客户沟通、合同管理 →与客户沟通 →合同订立 →履行控制 →变更索赔 →终止	• 合同法 • 经济合同	• 确保施工任务的圆满完成	• 参与合同签订、履行、变更 • 收集工程索赔依据	1. 工程项目管理的基本知识 2. 工程合同管理的基本知识	编制、搜集、整理客户资料能力	
3. 负责进场验收优先，负责材料进场验收和抽样复验	进场验收 →进场 →验收	• 材料标准、设备质量证明书 • 进场材料、设备	• 确保供应材料、设备的质量与安全存贮	材料员组织进场检查验收、质量员参与	1. 材料标准与设备质量证明书 2. 工程材料基本知识 3. 工程施工工艺和方法	1. 目测检定常用材料优劣的能力 2. 对进场材料、设备进行判断的能力	1. 认真 2. 细致 3. 及时 4. 廉洁自律
抽样复验	见证取样 →送检	• 试样	• 确保供应材料的质量得到严格适当的复检	材料员负责、质量员监督抽样复检的实施	1. 工程材料、设备的基本知识 2. 抽样统计分析的基本知识	1. 对进场材料、设备进行判断的能力 2. 对材料进行抽样送检的能力	

续表

主要工作职责	工作流程	工作对象	工作作用分析	工作组织	知识	能力	职业素养
4. 负责材料、设备的检查接收、发放、储存管理，监督检查材料、设备的合理使用	材料检查接收、发放、储存管理 →接收 →发放（领用） →储存 →回收 →处理剩余不合格材料、设备	●施工作业班组	●保证材料、设备的及时供应，设备的保养与维修	接收、发放、储存由材料员独立完成，参与不合格材料的处置，参与组织材料、设备的保养与维修	1. 工程材料、设备基本知识 2. 建筑材料、设备的验收、存储、供应与回收的基本知识	1. 组织保管、发放材料、设备的保养与维修的能力 2. 余料回收、废弃物管理处置的能力	1. 职业责任心 2. 团队精神 3. 细致周到、认真负责 4. 廉洁自律
5. 负责建立材料、设备管理台账、盘点及统计，参与材料、设备的成本核算	成本核算 →建立台账 →盘点统计 →成本核算	●材料、设备台账	●降低工程材料、设备成本	项目部经济负责人组织，材料员参与	建筑材料、设备的成本核算内容和方法	1. 建立材料、设备统一台账的能力 2. 材料、设备成本核算的能力	1. 职业责任心 2. 团队精神 3. 细致周到、认真负责
	质量控制资料	●材料、设备清单 ●产品合格证、质量保证书、准用证等 ●检验报告、复检报告、生产厂家资信证明 ●其他质量控制资料	●真实反映施工管理情况 ●作为竣工验收质量控制资料 ●建立材料、设备原始资料档案	材料员负责，质量员监督实施	材料、设备的专业基础知识	编制、收集、整理施工原始资料的能力	
6. 负责材料、设备原始资料的编制、整理和汇总、移交	材料、设备原始资料 →编制 →汇总 →整理 →移交	●建设工程规范、标准、规程 ●材料、设备原始资料档案	●真实反映施工管理情况 ●作为竣工验收质量控制资料 ●建立材料、设备原始资料档案	材料员负责	材料、设备的专业基础知识	能够编制、搜集、整理施工材料、设备的原始资料	1. 认真 2. 细致 3. 及时 4. 团队精神

表 4-20

资料员岗位分析表

主要工作职责	工作流程	工作对象	工作作用分析	工作组织	知识	能力	职业素养
1. 参与制定施工资料管理计划及建立施工资料管理规章制度	参与制定施工资料管理计划 →熟悉施工图纸、施工合同、施工方案 →熟悉施工资料编制、管理规定 →编制、修订计划	• 施工资料管理计划	工程管理内容之一——使施工计划管理更有计划性	技术负责人负责，资料员协助	1. 工程建设法律法规知识 2. 项目管理基本知识	参与制定施工资料管理计划能力	主动工作
	施工资料台账 →施工员、质量员等编制移交资料 →收集、审查 →整理	• 施工管理资料 • 施工技术资料 • 施工建设、造价、质量、物资等资料 • 施工记录、试验记录、检测报告、质量记录 • 竣工验收资料	真实反映施工过程中管理、技术、进度、质量情况	资料员负责收集、审查、整理施工资料	1. 工程建设法律法规知识 2. 施工技术及施工组织基本知识 3. 识图知识 4. 建筑材料基本知识 5. 房屋建筑学基本知识 6. 施工资料管理应用知识 7. 项目管理基本知识	1. 应用办公软件的能力 2. 资料收集能力 3. 资料有效性鉴别能力	1. 认真负责 2. 细心
2. 负责建立施工资料台账，进行施工资料交底	施工资料交底 →熟悉施工图纸、施工合同、施工方案、质量 →向施工员、安全员等进行交底	• 资料编制目录、资料编制、审核及审批规定 • 资料整理归档要求、时间、途径	明确施工资料的管理要求	资料员负责		施工资料交底能力	1. 职业责任心 2. 团队精神

续表

主要工作职责	工作流程	工作对象	工作作用分析	工作组织	知识	能力	职业素养
3. 资料使用保管 负责施工资料的任务传递、追溯及借阅管理提供数据、信息资料	收集资料→资料分类→资料保管→分析信息→传递给所需要的人	● 施工资料	保管和使用工程技术档案	资料员负责	1. 城建档案管理、施工资料统计及建筑业统计基本知识 2. 工程建设法律法规知识	1. 资料的检索、处理、传递、储存、追溯、应用能力 2. 施工资料安全保管能力	1. 认真负责 2. 细致
4. 负责施工资料的立卷、归档、移交、验收 立卷、归档、移收、移交	→立卷→归档→验收→移交	● 施工资料	建立工程技术档案（及时、准确、真实、齐全）	资料员负责	1. 工程建设法律法规知识 2. 工程竣工备案、管理知识 3. 城建档案管理、施工资料统计及建筑业统计基本知识	1. 应用办公软件的能力 2. 应用专业软件管理资料的能力	1. 认真 2. 细致 3. 及时
5. 资料信息系统管理 参与建立施工资料管理系统负责施工资料管理系统的运用，服务和管理	建立施工资料管理系统→运用施工资料管理系统管理资料	● 施工资料管理软件 ● 施工资料	高效、及时、准确进行施工资料管理	资料员负责	1. 城建档案管理、施工资料统计及建筑业统计基本知识 2. 掌握计算机和相关资料管理软件的应用知识	熟练应用专业资料管理软件进行资料管理能力	1. 认真负责 2. 团队合作精神

二、能力分解

依据教育教学规律和学校教育的实际，以及行业发展的趋势，在企业需求调研的基础上，项目组对调研所得的施工员岗位群能力需求，进行了进一步的分解，使学生达到擅读图、能计算、懂技术和会管理的水平。同时，又将建筑工程技术专业职业能力分解为 19 个职业能力，如图 4-4 所示。

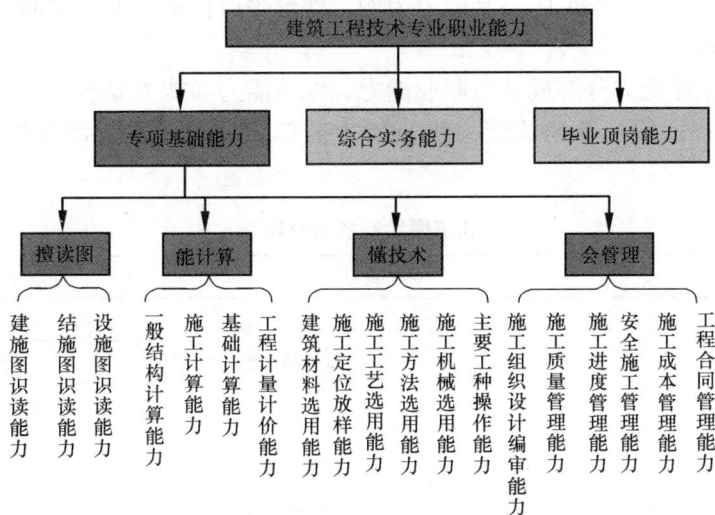

图 4-4　建筑工程技术专业职业能力分解图

三、核心能力提炼

在能力分解的基础上，根据企业需求调研结果，将行业和企业认为建筑工程技术专业职业能力必须具备的核心能力提炼为工程识图能力、工程计算能力、施工技术应用能力、施工项目组织能力等四大能力。同时，将工程识图能力分解为施工图绘制能力、施工图识读能力；将工程计算能力分解为基本构件计算能力、计量与计价能力；将施工技术应用能力分解为施工定位放样能力、工种操作验收能力等，初步构建了一个涵盖建筑工程技术专业培养目标的能力体系，如图 4-5 所示。

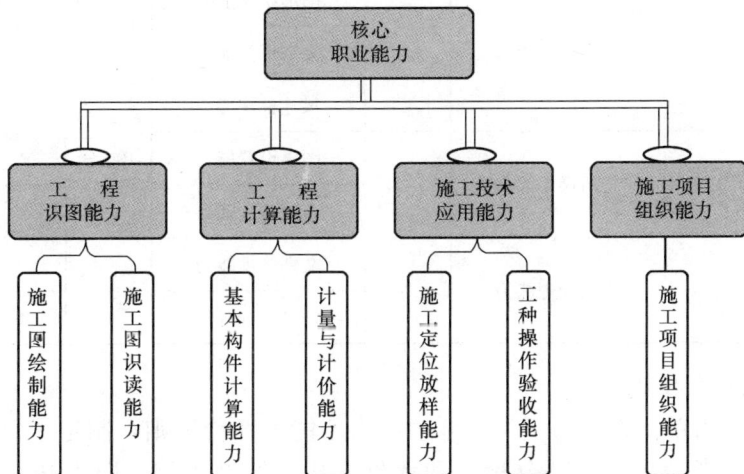

图 4-5　建筑工程技术核心职业能力分解图

四、评价体系构建

在完成企业调研和能力分解的基础上，项目组启动了构建评价体系的研究。评价体系的构建研究首先确定每个职业能力培养所需达到的要求，其次确定职业能力的考核指标、权重分配，最后确定每个职业能力的考核指标、权重分配、考核方式、评价标准等。目前已基本完成工程识图能力、工程计算能力、工程施工能力、施工项目组织能力等四大核心职业能力的评价手册。以施工图绘制能力为例，评价手册包括以下三个部分。

（一）能力分解

将专业核心职业能力分解成基本职业能力、专项能力和能力要素三个层次，以基本职业能力为单位，将每项基本职业能力进行能力分解。见表 4-21，即为施工图绘制能力分解。

施工图绘制能力分解 表 4-21

职业能力	专项能力		能力要素
A1.1 施工图 绘制能力	A1.1.1	基本绘图能力	图形绘制能力
			文字标注能力
			尺寸标注能力
	A1.1.2	技巧操作能力	图层设置能力
			布局输出能力
	A1.1.3	查询管理能力	文件管理能力
			信息查询能力

（二）能力评价标准

以基本职业能力为单位，制定了每项基本职业能力的评价标准，明确了评价的总分分值、权重和评价等级。见表 4-22，即为施工图绘制能力评价标准。

施工图绘制能力评价标准 表 4-22

职业能力	专 项 能 力		权重	能力要素	总分	评价等级	
A1.1 施工图 绘制能力	A1.1.1	基本绘图能力	0.60	图形绘制能力	100分	优秀	90～100
				文字标注能力			
				尺寸标注能力		良好	75～89
	A1.1.2	技巧操作能力	0.20	图层设置能力			
				布局输出能力		合格	60～74
	A1.1.3	查询管理能力	0.20	文件管理能力			
				信息查询能力		不合格	60 以下

（三）能力评价细则

以专项能力为单位，编写了每个专项能力的能力评价细则，制定了每个专项能力要素的能力标准、考核项目、评分标准和评价方法。见表 4-23，即为基本绘图能力评分细则。

基本绘图能力评价细则 表 4-23

专项能力	总分	能力要素	权重	能力标准	考核项目	评分标准		评价方法
A1.1.1基本绘图能力	100分	图形绘制能力	0.60	能综合应用CAD软件的绘图命令,准确绘制指定图形	图线绘制	50分	操作正确得分,不正确不扣分	机考
					图案填充	10分		
		文字标注能力	0.20	能应用CAD软件的文字标注命令,按照要求准确设置标注字体样式,并注写文字	文字样式设置	10分		
					文字注写	10分		
		尺寸标注能力	0.20	能应用CAD软件的尺寸标注命令,按照要求准确设置尺寸标注样式,并按照制图规范注写尺寸	标注样式设置	10分		
					尺寸注写	10分		

五、评价体系应用

项目组已于 2009 年在浙江建设职业技术学院建筑工程系建筑工程技术专业试点实践能力考核评价体系。目前试点实践已有近 2 年,项目组按照研究编制的能力评价手册对学生进行考核评价,检验能力分解、能力定位、评价标准是否正确,并将评价结果进行反馈,利于学生进行学习、教师进行教学。从目前的实践情况看,效果良好,达到了研究初期预设的目标,取得了较好的成绩。

第五章 改 革 的 实 践
——"411"模式职业能力考核评价体系的应用和实践

第一节 施工图绘制能力

一、施工图绘制能力的定位和分解

（一）分析依据

计算机辅助设计（Computer Aided Design）技术的发展日新月异，已经渗透到社会的多种行业，在建筑工程领域更是得到了广泛的应用。在建筑工程领域，CAD 技术的发展大致分为三个阶段：第一阶段是结构专业 CAD 及其系列化；第二阶段是建筑工程各专业 CAD 及其系列化；作为发展的必然结果，第三阶段是"虚拟群体并行协同工作环境"，以工程项目建设为核心，将分散的各相关生产实体组成一个"虚拟群体"，共享图形库、数据库和材料库，并行活动，随时进行交换或修改某一环节，协同设计与施工，这就是目前工程 CAD 技术发展的新阶段，现在我国建筑业第三阶段已经起步，已开展了民用建筑集成化系统研究，工程设计 CAD 集成机理研究与环境开发等课题。

应用 CAD 软件绘图准确、高效，因此施工图绘制能力是建筑工程领域的设计、施工、管理等各方人员必备的职业技能。以施工现场专业岗位群职业能力为基础，我们对施工图绘制能力进行能力标准定位：以职业素质为根本，将应用 CAD 软件绘制施工图纸的能力分为三个层次，第一层次是基本绘图能力，第二层次是技巧操作能力，第三层次是查询管理能力。

第一层次基本绘图能力，即掌握 CAD 软件的基本绘图命令和编辑命令，能准确绘制建筑工程施工图。基本绘图能力分解为三个能力要素：图形绘制能力、文字标注能力、尺寸标注能力。

第二层次技巧操作能力，即掌握 CAD 软件的操作技巧，能高效绘制建筑工程施工图。在准确的基础上，施工图纸的绘制还要体现出高效。所谓高效，就是提高工作效率，能快速绘图。是否能在规定时间内尽可能完成更多的工作量，我们可以根据最终成果的内容进行评价，因此划分能力要素时不再列入，只定位为两个能力要素：图层设置能力、布局输出能力。

第三层次查询管理能力，即掌握 CAD 软件的查询管理功能，近期目标可以对文件和图形信息进行查询管理，辅助施工定位、放样、管理等工作，远期目标是以工程项目建设为核心，共享图形库、数据库和材料库，走向"虚拟群体并行协同工作环境"阶段。基于CAD 目前所处的发展阶段及评价的可行性，查询管理能力分解为两个能力要素：文件管理能力和信息查询能力。

（二）能力分解

将专业核心职业能力分解成基本职业能力、专项能力和能力要素三个层次，以基本职业能力为单位，将每项基本职业能力进行能力分解，见表 5-1。

施工图绘制能力分解 表 5-1

职业能力	专项能力		能力要素
A1.1 施工图绘制能力	A1.1.1	基本绘图能力	图形绘制能力
			文字标注能力
			尺寸标注能力
	A1.1.2	技巧操作能力	图层设置能力
			布局输出能力
	A1.1.3	查询管理能力	文件管理能力
			信息查询能力

（三）能力定位

见表 5-2。

施工图绘制能力定位 表 5-2

职业能力	专项能力	能力要素	能力标准
A1.1 施工图绘制能力	A1.1.1 基本绘图能力	图形绘制能力	能综合应用 CAD 软件的绘图命令，准确绘制指定图形
		文字标注能力	能应用 CAD 软件的文字标注命令，按照要求准确设置标注字体样式，并标注文字
		尺寸标注能力	能应用 CAD 软件的尺寸标注命令，按照要求准确设置尺寸标注样式，并按照制图规范标注尺寸
	A1.1.2 技巧操作能力	图层设置能力	能应用 CAD 软件的图层设置命令，按照要求对图层进行颜色、线型等设置
		布局输出能力	能应用 CAD 软件的布局或块命令，将不同比例的图布置在一张图纸中；能应用 CAD 软件的打印命令，按照要求准确设置打印样式并输出
	A1.1.3 查询管理能力	文件管理能力	能准确调用和存盘文件
		信息查询能力	能应用 CAD 软件的查询命令，查询指定图形的距离、面积等信息

二、施工图绘制能力的考核评价体系

（一）体系构建思路

施工图绘制能力作为建筑工程技术专业学生必备的职业能力之一，因此必须对学生应用 CAD 软件绘制施工图纸的能力进行客观、公正、全面的考核。构建施工图绘制能力的考核评价体系，主要包括以下几个方面的内容。

（1）围绕《建筑工程技术》专业人才培养目标，对施工图绘制能力进行合理分解，分析确定施工图绘制能力由基本绘图能力、技巧操作能力、查询管理能力三个层次的专项能力组成。

（2）研究确定基本绘图能力、技巧操作能力、查询管理能力三个专项能力的定位和标准，即各专项能力所包含的能力要素及能力标准。

（3）建立基本绘图能力、技巧操作能力、查询管理能力三个专项能力的评价体系，并汇总编制施工图绘制能力评价手册，包括评价标准、评价内容、评价方法、评价项目等。制定评价体系，必须充分考虑评价结果的真实性、评价标准的客观性、评价内容的适用性、评价过程的可操作性，并确保学校对学生的能力评价与企业对学生的能力评价保持一致性。

（二）能力评价标准

深入建筑企业广泛调研，了解企业对施工员岗位群的职业能力需求，分析基本绘图能力、技巧操作能力、查询管理能力三个专项能力的能力定位。在此基础上，根据教育教学规律并结合学院教学实际情况，确定三个专项能力所包含的各能力要素及权重，并针对每个能力要素，确定能力要素的评价标准，见表5-3。

施工图绘制能力评价标准　　　　　　　　　　　　　　　　表5-3

职业能力	专项能力		权重	能力要素	总分	评价等级	
A1.1 施工图 绘制能力	A1.1.1	基本绘图能力	0.60	图形绘制能力	100分	优秀	90～100
				文字标注能力			
				尺寸标注能力		良好	75～89
	A1.1.2	技巧操作能力	0.20	图层设置能力			
				布局输出能力		合格	60～74
	A1.1.3	查询管理能力	0.20	文件管理能力			
				信息查询能力		不合格	60以下

（三）能力评价细则

能力评价细则是能力评价体系能够施行的准则。根据能力评价标准确定的各项能力要素，确定其权重、能力标准、考核项目、评分标准、评价方法。特别是考核项目，一定要切实可行，具有较强的可操作性。见表5-4～表5-6。

基本绘图能力评价细则　　　　　　　　　　　　　　　　表5-4

专项能力	总分	能力要素	权重	能力标准	考核项目	评分标准		评价方法
A1.1.1 基本绘图能力	100分	图形绘制能力	0.60	能综合应用CAD软件的绘图命令，准确绘制指定图形	图线绘制	50分	操作正确得分，不正确不扣分	机考
					图案填充	10分		
		文字标注能力	0.20	能应用CAD软件的文字标注命令，按照要求准确设置标注字体样式，并注写文字	文字样式设置	10分		
					文字注写	10分		
		尺寸标注能力	0.20	能应用CAD软件的尺寸标注命令，按照要求准确设置尺寸标注样式，并按照制图规范注写尺寸	标注样式设置	10分		
					尺寸注写	10分		

技巧操作能力评价细则 表 5-5

专项能力	总分	能力要素	权重	能力标准	考核项目	评分标准		评价方法
A1.1.2 技巧操作能力	100分	图层设置能力	0.50	能应用 CAD 软件的图层设置命令，按照要求对图层进行颜色、线型等设置	图层创建	10分	操作正确得分，不正确不扣分	机考
					颜色、线型	40分		
		布局输出能力	0.50	能应用 CAD 软件的布局或块命令，将不同比例的图布置在一张图纸中；能应用 CAD 软件的打印命令，按照要求准确设置	图纸布局	25分		
					图纸输出	25分		

查询管理能力评价细则 表 5-6

专项能力	总分	能力要素	权重	能力标准	考核项目	评分标准		评价方法
A1.1.3 查询管理能力	100分	文件管理能力	0.40	能准确调用和存盘文件	文件调用	20分	操作正确得分，不正确不扣分	机考
					文件存盘	20分		
		信息查询能力	0.60	能应用 CAD 软件的查询命令，查询指定图形的距离、面积等信息	信息查询	60分		

三、施工图绘制能力的考核评价方法

1. 评价方法的选择

为了更好地评价学生的施工图绘制能力，同时促进学生对于将来工作的适应能力，因此以实际成果作为学生的能力评价依据。每一个单项能力对应设置一个工作任务，学生在规定时间内，在计算机上现场操作完成规定的工作任务，根据学生完成的工作量和工作成果质量，对现场操作的过程和结果进行评价。

2. 评价项目（工作任务）的选择

根据施工员岗位群的实际工作内容，依据各单项能力确定的评价标准，科学合理地选择具有典型性和代表性的工作内容，结合学校教育教学实际，设置评价项目。

3. 评价过程与实施说明

在评价实施中，坚持评价结果与评价过程相结合，要考虑评价对调动学生积极性的作用问题。评价过程中不仅要关注学生学会什么，更要强调学生是怎样学会的，从而培养学生的专业兴趣和良好的职业修养，使他们的学习能力、应用能力得到持续的发展。评价实

施中应重视"参与广度"、"参与深度"、"评价结果认可度"、"学生自我反思"。教师在评价过程中，自始至终都要体现教师的"教"是为学生的"学"服务，突出学生在评价中的主体地位。

4. 能力评价与课程教学及考核关系的处理

评价在课程体系中起着激励导向和质量监控的作用。应建立体现素质教育思想、促进学生全面发展、激励教师上进和推动课程不断完善的评价体系，既要关注结果，更要关注过程。

（1）评价应有助于学生素质的全面发展。要改变只关注学生学业成绩的单一总结性的考试评价方式，着眼于充分全面了解学生，帮助学生认识自我，建立自信，关注个别差异，了解学生发展中的需求。发现和发展学生的潜能，促进学生在已有水平上的发展，发挥评价的教育功能。

（2）评价应有助于提高教师的专业素质。应建立以教师自评为主，同时有企业、学生共同参与的评价制度，使教师从多方面获得改进工作的信息，诊断、反思教学行为，不断提高教学水平。

（3）评价应有助于深化课程改革。对课程方案、执行情况及实施效果，要进行周期性的监测和评估，及时调整课程内容，形成课程不断完善的有效机制。

四、施工图绘制能力的考核评价实践

（一）实践情况

1. 试点实施情况

从 2008 年 12 月开始至 2009 年 8 月，本子课题组完成了五个阶段的工作过程，第一阶段理清思路、组建团队；第二阶段分解项目、明确目标；第三阶段构建要素、制定标准；第四阶段设定方法、编制手册；第五阶段试点运行、反馈调整。

本子课题组由浙江建设职业技术学院建筑工程系识图教研室全体成员共同研究。经过 2 年的试点运行，根据试点反馈情况进行了广泛的探讨调整修改，最终完成了施工图绘制能力的评价体系。

2. 试点实施过程

试点过程中子课题组成员相互交流，共同商讨，主要对以下几个方面进行了思考和改进：

（1）企业能力需求的定位与校内评价标准实施的可操作性之间的衔接。

（2）课程建设与评价体系之间的衔接。

（3）评价教师工作量大，评级标准的尺度把握问题。

（4）学生相关配套能力的欠缺。

3. 试点实施效果

对试点情况进行分析表明，子课题组构建的能力评价体系突破了传统评价体系的局限，解决了传统评价体系偏离职业岗位能力需求的问题，全方位地对学生职业能力进行评价，并以此为依托全面规范和标准化相关教学过程。

（1）符合实现高职教育人才培养目标的要求

构建新型的职业能力考核评价体系，是努力评价"能做什么"而不是"知道什么"，力图把"能力"而不是"书面知识"作为评价对象，这有利于促进《建筑工程技术》专业学生重视工作本位学习，可提高学生的实际工作能力。

（2）有助于推动教师进行职业教育课程的改革

新型的职业能力考核评价体系的重要特点是全过程考核学生的能力，以追求真实性的评价，这也是职业教育评价的发展趋势，这就需要每门课程的任课教师不断地结合课程内容设计实践性问题。实践性问题既不是教材中的思考题，也不是从事理论研究而提出的学术问题，而是产生于工作实践，需要在工作实践中进行思考的问题。实践性问题的设计对高职教师的课程教育理念、课程内容顺序、课程讲授方法、课程讲授环境均发出了挑战。

（3）能够激发学生的学习兴趣

一般说来，职业教育的培养对象，主要具有形象思维的特点，与普通学校的学生相比，他们是同一层次不同类型的人才，没有智力的高低之分。构建新型的职业能力考核评价体系可以改变以往的强调抽象思维的考核内容，而重点考核学生的动手能力，这对于形象思维活跃的学生而言可起到很大的激励作用。

评价是教学的重要内容，但不是教学的目的，要树立评价促发展的科学观，更好地创造育人环境是评价的永恒追求。

（二）考核评价案例

施工图绘制能力评价案例 A

答题须知：

1. 考试形式：计算机操作，闭卷。

2. 考试软件：AutoCAD2006。

3. 考试时间：240 分钟。

4. 文件保存：在桌面上新建一个文件夹，并以准考证命名，不得出现考生姓名，否则作废处理。所有图形文件均保存在该文件夹内，图形文件名详见各题。

施工图绘制能力测试卷

总分：120 分

1. 绘制图框（8 分）

1.1 请按图 1 样式绘制标题栏，并填写准考证号。

1.2 绘制 A2 图纸（横式）图框，图纸幅面用细线绘出，并将标题栏插入。完成后保存文件，文件名为"A2 图框"。

2. 绘制以下二维图形，并保存在一个图形文件中，文件名为"试题 2"（32 分）。

2.1 按图示尺寸 1：1 绘制图 2-1，尺寸不需标注（5 分）。

2.2 按图示尺寸 1：1 绘制如图 2-2 所示图形，尺寸和字母不需标注（5 分）。

2.3 按图示尺寸 1：1 绘制图 2-3，并按图标注（5 分）。

施工图绘制能力评价	名　　称	CAD图纸			10
	准考证号				10
	图　　号	A2	日　期	2011.12.25	10
100	30	30	30	30	

图 1　标题栏

注：1. 字体采用长仿宋体。

　　2. 字体、图幅、图框、图线等制图要求应符合《房屋建筑制图统一标准》GB/T 50001—2010。

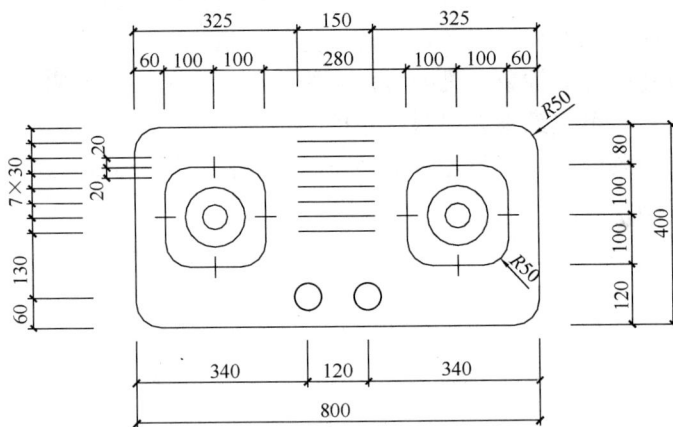

图 2-1

注：图中的小圆半径 25mm，大圆半径 60mm。

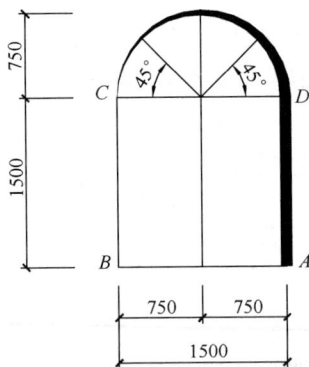

图 2-2

注：1. 图中 CD 段为半圆弧，圆弧直径 1500mm。

　　2. 图中 CD 段 C 点线宽为 0，D 点线宽为 100mm，DA 段线宽为 100mm，其余未注明线宽均为 0。

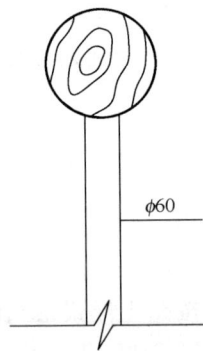

图 2-3

注：图中圆木直径为 200mm，轮廓为粗实线绘制，线宽统一设定为 5mm。

2.4　按图示尺寸 1∶1 绘制如图 2-4 所示节点详图，出图比例为 1∶20，并按图标注（17 分）。

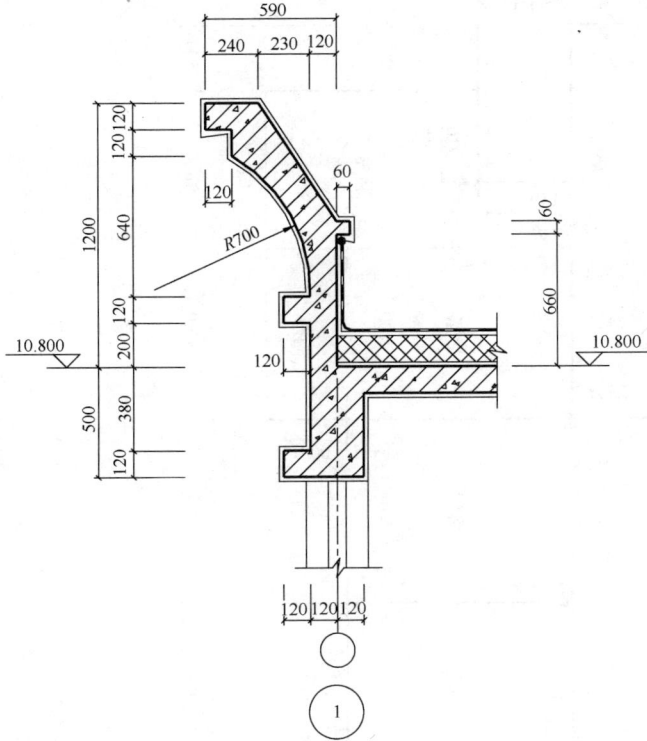

图 2-4

注：1. 屋面构造层次自下而上依次为：
120mm厚现浇钢筋混凝土屋面
板；20mm 厚 1：2 水泥砂浆找
平；100mm厚憎水珍珠岩保温层
（带找坡）；20mm 厚 1：3 水泥砂
浆找平层；防水卷材一道。
2. 未注明粉刷厚度均为20mm。
3. 字体采用长仿宋体。字体、图线、
图例、定位轴线、符号、尺寸标
注等制图要求应符合《房屋建筑
制图统一标准》（GB/T 50001—
2010）。

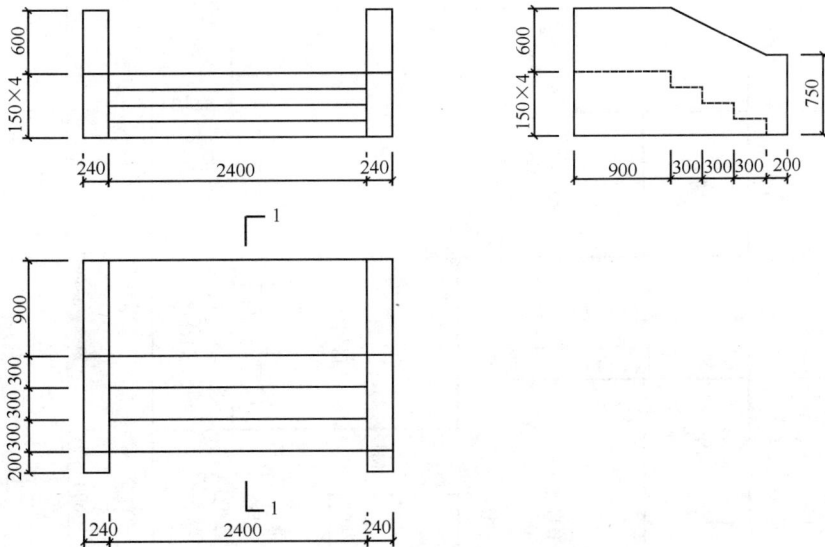

图 3

3. 根据如图 3 所示的三视图，绘制 1-1 剖面图和等轴测图，尺寸不需标注。绘制完毕后保存在一个图形文件中，文件名为"试题 3"（10 分）。

4. 如图 4 所示为某住宅二层平面简图，请按建筑制图标准绘制该平面图，并标注尺寸。绘制完毕插入第 1 题中的 A2 图框后保存，文件名为"试题 4"（45 分）。

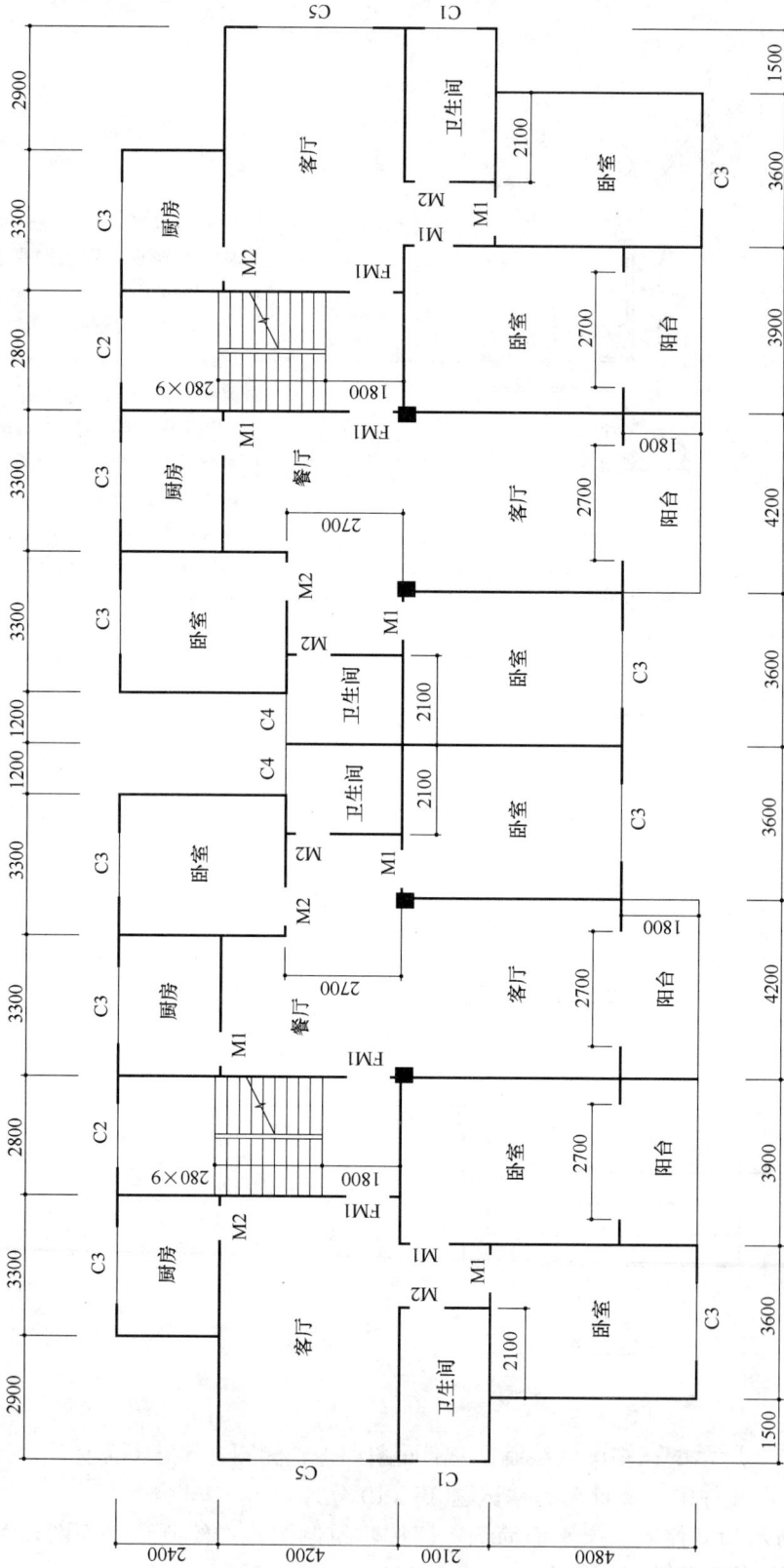

图 4

背景资料：

（1）某住宅共5层，层高3.0m，一层平面标高为±0.000，厨房、卫生间、阳台低于相应楼面标高30mm。

（2）图示尺寸均为轴线间尺寸，轴线居墙中；墙体厚度均为240mm，柱子截面尺寸350mmx400mm。

（3）门垛均为120mm，窗、阳台处门洞均居开间中。

（4）阳台采用栏杆防护，双阳台中间为240mm墙体分隔。

（5）门窗表如下。

门窗表

编号	洞口尺寸：宽×高（mm）	编号	洞口尺寸：宽×高（mm）
FM1	1000×2200	C2	1500×1500
M1	900×2100	C3	1800×1500
M2	800×2100	C4	960×1500
C1	1200×1500	C5	2700×1500

绘图要求：

（1）按表1设置图层及颜色，线型按制图标准设置；窗统一按表右所示窗图例样式绘制。

图层设置　　　表1

图层名称	颜色
轴线	红色
墙体	绿色
门窗	蓝色
柱子	黄色
其他	品红
尺寸标注	青色
文字	黄色

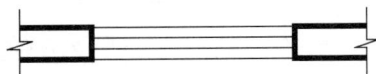

窗图例

注：可根据自己需要添加图层。

（2）按图示尺寸1：1绘制，出图比例为1：100。

（3）线宽绘图时不作要求，但须考虑打印时可根据颜色设置线宽。

（4）定位轴线编号按制图标准自行编排。

（5）门尺寸及定位均不需标注。

（6）查询本层建筑面积（阳台面积和双阳台中间的分隔墙面积不计），并注写在图纸下方。

提示：建筑面积按外墙外围水平面积计算。

5. 如图5所示为某综合楼楼梯平面图，请按建筑制图标准绘制1-1剖面图，并标注尺寸。绘制完毕后保存，文件名为"试题5"（25分）。

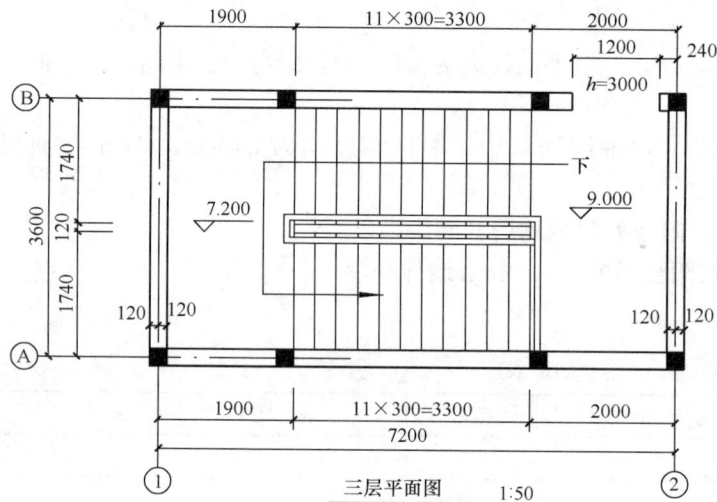

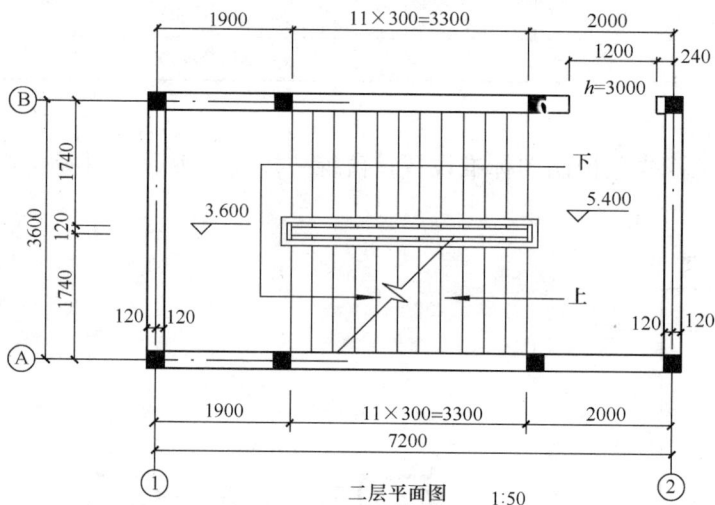

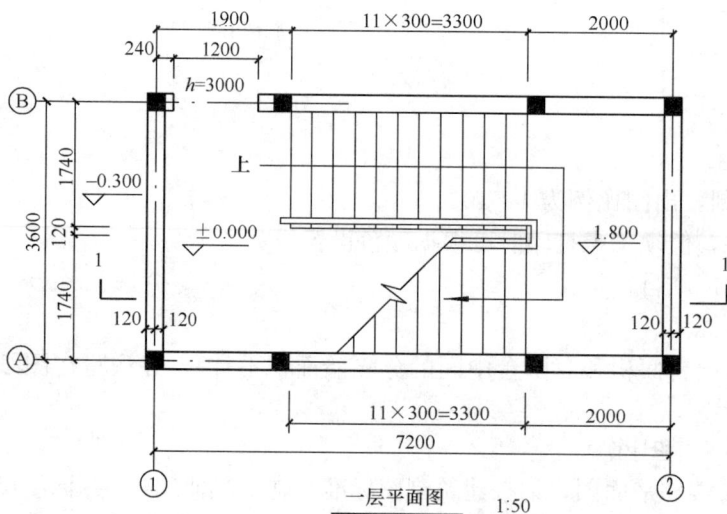

三层平面图 1:50

二层平面图 1:50

注:
1. 图层设置不作要求,线宽须绘制。
2. 平台板两侧均设置楼梯梁,如下所示。平台板和楼梯板厚度均为120mm。

梯梁 梯梁

3. 楼层梁、材料图例不需绘制。
4. 剖面图中楼梯栏杆可不绘制。
5. 剖面图绘制到标高12.000以上约200mm处用折断线截断。

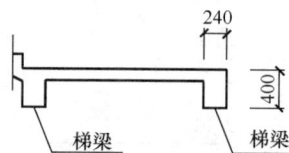

一层平面图 1:50

图 5

施工图绘制能力测试卷　评分细则

总分：120 分

1. 绘制图框（8分）

编号	评分点	评分标准	分值	得分	小计
1.1	标题栏 （5分）	格式、分区、尺寸抄绘正确	1分		
		外边框加粗	1分		
		长仿宋体设置正确	1分		
		字高正确，且有2种字高	1分		
		文字标注内容正确	1分		
1.2	A2图框 （3分）	图幅尺寸正确且横式	1分		
		图框尺寸正确	1分		
		图框加粗	1分		

> 注：1. 制图规范要求图框线（1.0mm）、标题栏外框线（0.7mm）、标题栏分格线（0.35mm），评分时线宽数值允许适当调整，考生绘制时有3种线宽区分即可给分。
>
> 　　2. 长仿宋体：设置宽度比例在0.7左右均给分，宽度比例为1则不给分。
>
> 　　3. 字高：制图规范要求长仿宋体文字字高为3.5mm、5mm、7mm、10mm、14mm、20mm，字母和数字字高不小于2.5mm。此处字高为7和5两种，正好适合该标题栏尺寸，考生如不符合该数值则不给分。
>
> 　　4. 图幅及图框尺寸：按照制图规范要求。

2. 绘制以下二维图形，并保存在一个图形文件中，文件名为"试题2"（32分）。

2.1　按图示尺寸1∶1绘制图2-1，尺寸不需标注（5分）。

编号	评分点	评分标准	分值	得分	小计
2.1	抄绘 图2-1 （5分）	外轮廓矩形和内矩形尺寸正确	1分		
		2个矩形圆角均正确	1分		
		2个圆形尺寸均正确	1分		
		直线尺寸均正确	1分		
		定位正确	1分		

2.2　按图示尺寸1∶1绘制如图2-2所示图形，尺寸和字母不需标注（5分）。

编号	评分点	评分标准	分值	得分	小计
2.2	抄绘 图2-2 （5分）	直线 *AB*、*CD*、*DA* 尺寸正确	1分		
		半圆弧 *CD* 尺寸正确	1分		
		内部分格线尺寸正确	1分		
		半圆弧 *CD* 线宽正确	1分		
		直线 *DA* 线宽正确	1分		

2.3　按图示尺寸1∶1绘制图2-3，并按图标注（5分）。

编号	评分点	评分标准	分值	得分	小计
2.3	抄绘 图 2-3 （5分）	折断线正确、平行斜线尺寸相等，且无多余线头；且 $\phi60$ 钢管尺寸正确	1分		
		$\phi200$ 圆木尺寸正确：DO 命令绘制，中心线直径为 200mm	1分		
		圆木轮廓线线宽正确	1分		
		木纹理正确：线条光滑，采用 SPL 命令绘制	1分		
		$\phi60$ 文字标注正确（必须采用特殊符号％％c 标注直径符号）	1分		

2.4　按图示尺寸 1：1 绘制如图 2-4 所示节点详图，出图比例为 1：20，并按图标注（17分）。

编号	评分点	评分标准	分值	得分	小计
2.4	图线 （5分）	$R700$ 圆弧段绘制正确	1分		
		其余构件轮廓尺寸及窗线均正确：2分 错一处扣1分，扣完为止	2分		
		粉刷线及滴水线绘制均正确	1分		
		构件轮廓线为粗实线（线宽 0.5mm 左右）	1分		
	填充 （3分）	钢筋混凝土图例填充正确	1分		
		保温层图例填充正确	1分		
		卷材图例绘制正确	1分		
	标注 （6分）	尺寸起止符号正确 （建筑标记，箭头大小 2mm 左右）	1分		
		尺寸数字采用长仿宋体，且字高正确（高度为 2.5mm 或 3mm 或 3.5mm）	1分		
		标注尺寸正确	1分		
		平行尺寸线间距合适且保持一致 （间距为 7～10mm）	1分		
		半径标注正确	1分		
		标高符号正确 （直角等腰三角形，高约 3mm）	1分		
	轴线及 符号 （3分）	定位轴线图线正确 （细点画线）	1分		
		轴线圆尺寸正确 （细实线，直径为 8～10mm）	1分		
		详图符号正确 （粗实线，直径14mm）	1分		

注：本图要求按照图示尺寸 1：1 绘制，出图比例为 1：20，因此表中数值在 CAD 制图时均应放大 20 倍。

3. 根据如图 3 所示的三视图，绘制 1-1 剖面图和等轴测图，尺寸不需标注。绘制完毕后保存在一个图形文件中，文件名为"试题3"（10分）。

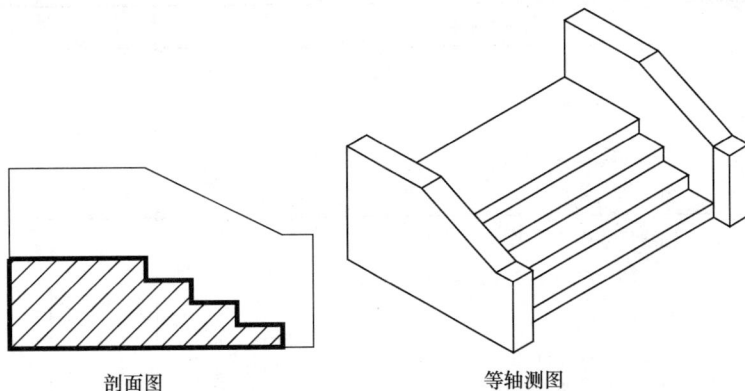

剖面图   等轴测图

编号	评分点	评分标准	分值	得分	小计
3	1-1 剖面图 （5分）	剖切轮廓线正确 错一处扣1分，扣完为止	2分		
		可见轮廓线正确	1分		
		剖切图例填充	1分		
		线宽正确，至少粗细2种	1分		
	等轴测图 （5分）	线条、尺寸正确 错一处扣0.5分	5分		

注：此处材料未说明，因此填充45°斜线，如考生填充混凝土或钢筋混凝土图例，也视为正确。

4. 如图4所示为某住宅二层平面简图，请按建筑制图标准绘制该平面图，并标注尺寸。绘制完毕插入第1题中的A2图框后保存，文件名为"试题4"（45分）。

注：要求插入图框，如考生没有插入，不作扣分处理。

编号	评分点	评分标准	分值	得分	小计
4	图层设置 （3分）	图层按照要求设置 错1处扣1分，扣完为止	2分		
		图层"轴线"线型设置为点画线	1分		
	轴线绘制 （5分）	定位正确 错一处扣1分，扣完为止	4分		
		线型比例合适，点划线可见	1分		
	墙体绘制 （5分）	样式、尺寸及定位正确 错一处扣1分，扣完为止	5分		
	门窗绘制 （5分）	样式、尺寸及定位正确 错一处扣1分，扣完为止	5分		
	柱子、 阳台、 楼梯绘制 （5分）	柱子样式、尺寸及定位正确	1分		
		栏杆样式、尺寸及定位正确	1分		
		楼梯样式、尺寸及定位正确 错一处扣1分，扣完为止	3分		
	高差绘制 （3分）	厨、卫、阳台门下高差线绘制正确 错一处扣1分，扣完为止	3分		

续表

编号	评分点	评分标准	分值	得分	小计
4	尺寸标注 (12分)	起止符号、长仿宋体、字高均正确 错一处扣1分，扣完为止	2分		
		外墙窗定位尺寸标注正确 错或漏一处扣1分，扣完为止	3分		
		轴线尺寸标注正确 错或漏一处扣1分，扣完为止	2分		
		总尺寸标注正确	1分		
		内墙定位尺寸标注完整，无遗漏 漏一处扣1分，扣完为止	2分		
		轴号编排规范，轴圈正确 错一处扣1分，扣完为止	2分		
	文字标注 (5分)	门窗名标注正确 错或漏一处扣1分，扣完为止	2分		
		房间名称标注正确	1分		
		图名及比例标注正确	1分		
		楼面标高标注正确	1分		
	面积查询 (2分)	数字及单位均正确 （面积：386.53m²）	2分		
5	墙体绘制 (2分)	样式、尺寸及定位正确 错一处扣1分，扣完为止	2分		
	梯段、平台、 梯梁、绘制 (12分)	梯段尺寸及定位正确 错一处扣1分，扣完为止	8分		
		平台尺寸及定位正确 错一处扣1分，扣完为止	2分		
		梯梁尺寸及定位正确 错一处扣1分，扣完为止	2分		
	门洞绘制 (1分)	门洞尺寸及定位正确	1分		
	室外地坪绘制 (1分)	室外地坪高差正确	1分		
	线宽绘制 (3分)	剖切到线宽加粗 错一处扣1分，扣完为止	3分		
	尺寸标注 (4分)	水平方向尺寸标注正确	1分		
		高度方向尺寸标注正确 错一处扣1分，扣完为止	3分		
	标高、图名 标注（2分）	标高标注正确	1分		
		图名及比例标注正确	1分		

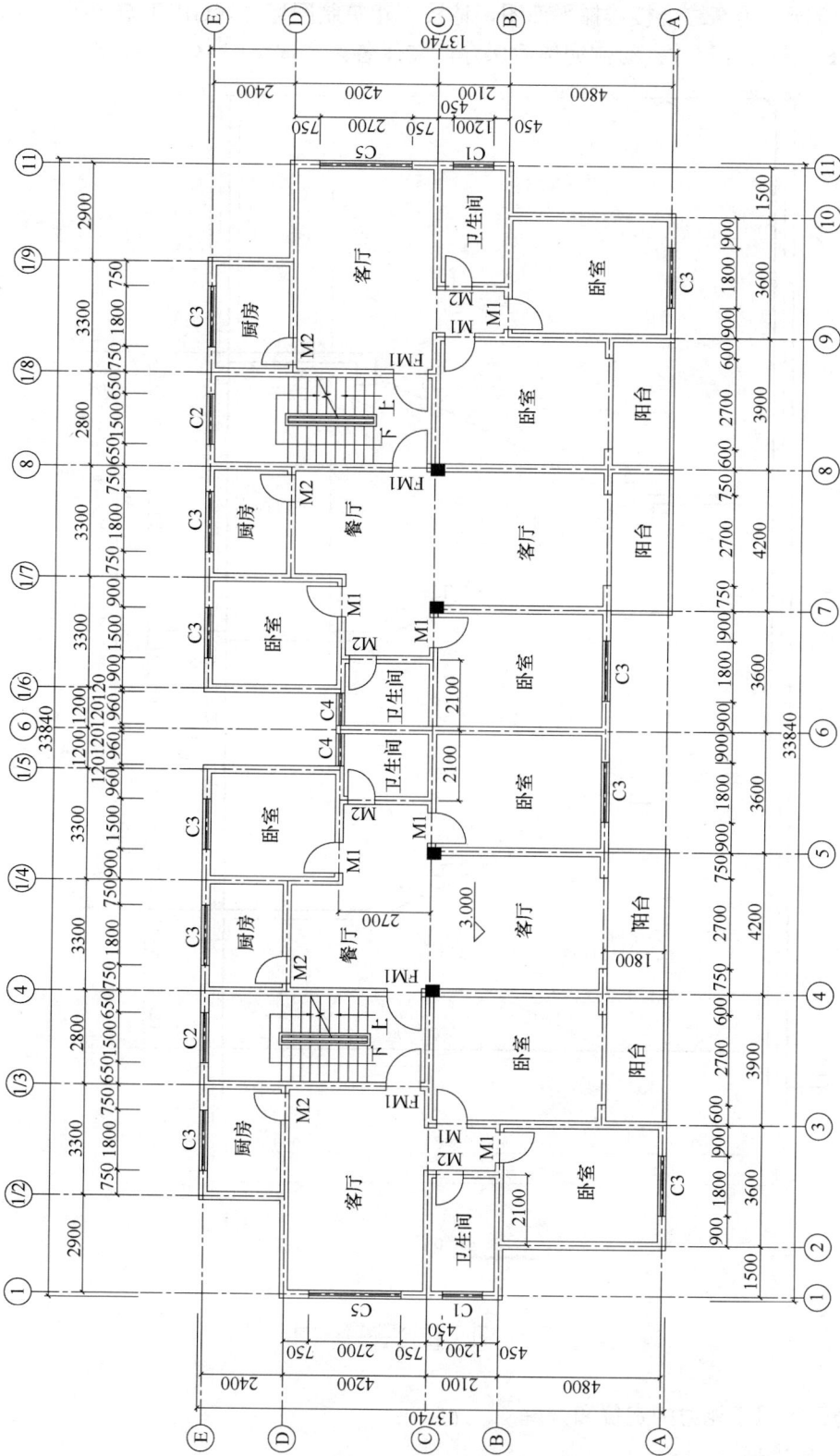

二层平面图 1:100

5. 如图 5 所示为某综合楼楼梯平面图，请按《建筑制图标准》GB/T 50104—2010 绘制 1-1 剖面图，并标注尺寸。绘制完毕后保存，文件名为"试题 5"（25 分）。

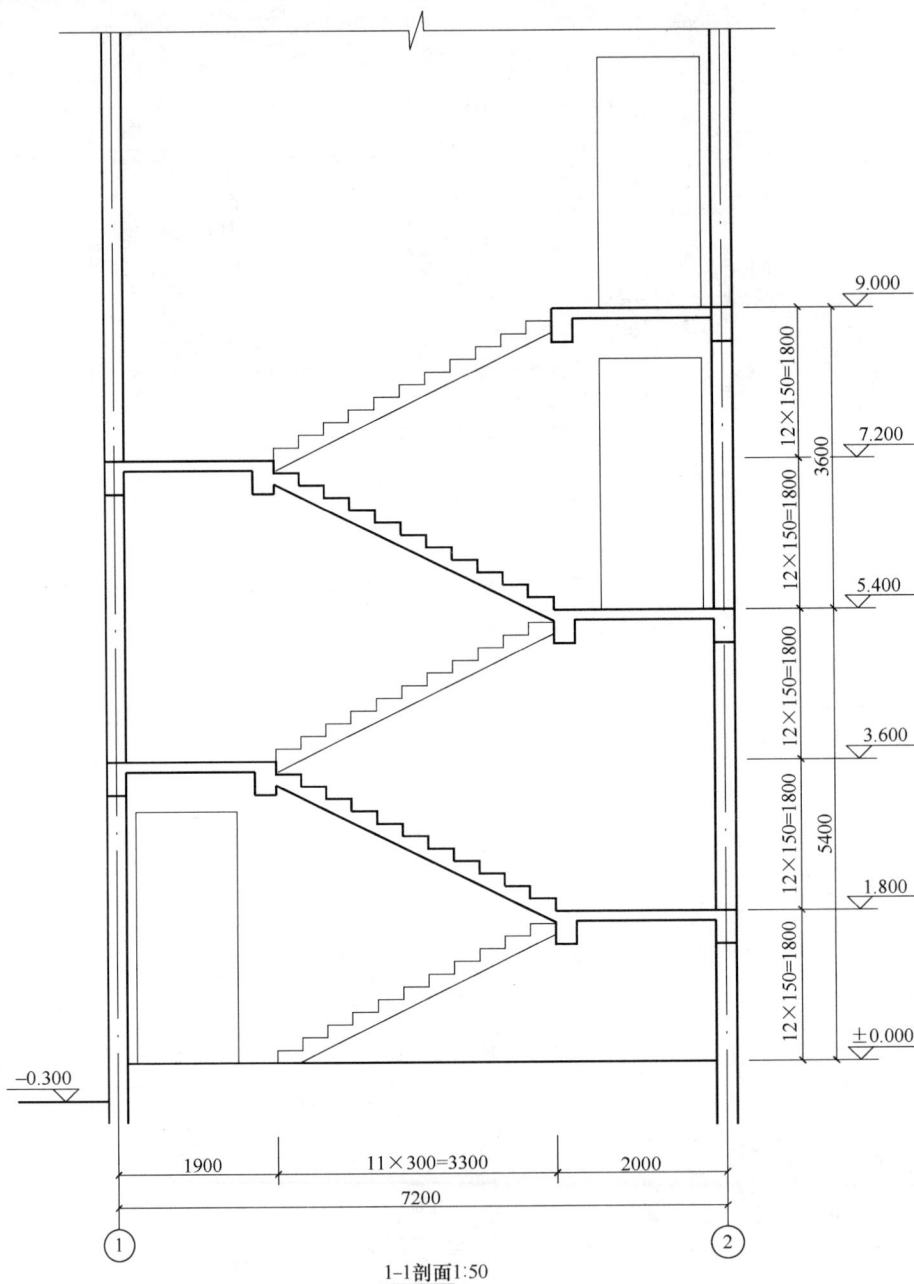

1-1 剖面 1:50

第二节 施工图识读能力

一、施工图识读能力的定位和分解

（一）分析依据

"图纸是工程师的语言"，看懂施工图是土建类工程技术人员必须掌握的基本技术。施工图识读能力的高低反映了学生对工程设计意图和施工要求的理解及实施的水平，直接关系到学生的就业竞争力和顶岗能力。因此，施工图识读能力已成为高职土建类专业的核心能力之一，学习和掌握施工图识读能力具有很强的实用性、必要性和重要性。

施工图识读能力包括建施图识读能力、结施图识读能力、设施图识读能力和图纸综合识读能力等四个专项能力，上述四个专项能力的确定首先考虑的是工作岗位的需求，其次兼顾学生的知识结构，第三关注评价过程，提高学生的参与度，第四确保评价的可行性、效用性和准确性。

建施图识读能力包括建筑投影知识应用能力、建筑制图规则应用能力和建筑构造知识应用能力。建施图识读能力是建筑工程技术人员的基础能力之一，要求熟悉建筑施工图纸的主要内容，包括建筑总平面图、建筑总说明、建筑平面图、建筑立面图、建筑剖面图、建筑详图等的形成与作用、图示内容与要求等；掌握投影知识、建筑制图知识和房屋建筑基本知识等理论知识；了解建筑物基础、地下室、墙体、门窗、楼地面、屋顶、楼梯、变形缝等部分的构造知识。

结施图识读能力包括平法制图规则应用能力和结构构造要求应用能力。结施图识读能力要求了解结构施工图的作用、结构施工图的分类图纸编排顺序，掌握常用制图标准、制图规则及平法制图规则，熟悉结构施工图识读的方法和技巧。同时，要求掌握结构施工图识读的基本方法，理解识读的步骤。理解结构设计总说明中关于工程概况、设计依据、材料强度、一般构造要求、施工要求、标准图集及强调说明的内容。了解基础设计说明及工程地质勘察报告，学会看独立基础、条形基础、筏板基础、箱形基础的施工图，学会看桩基施工图。能读懂平法施工图，包括现浇板、现浇板式楼梯、柱、梁、墙平法施工图。掌握楼梯详图及构件节点详图的识读。

设施图识读能力包括给排水制图规则应用能力和电气制图规则应用能力。设施图识读能力要求掌握设备施工图（给排水工程施工图、室内照明电气工程施工图）的图例及图示特点、识读方法和顺序。

图纸综合识读能力包括图纸综合自审能力和图纸问题解决能力。图纸综合识读能力要求训练学生施工图的自审技能，训练施工图综合自审技能，训练图纸会审技能，编制自审纪要等。

（二）能力分解

将专业核心职业能力分解成基本职业能力、专项能力和能力要素三个层次，以基本职业能力为单位，将每项基本职业能力进行能力分解，见表5-7。

施工图识读能力分解　　　　　　　　　　表5-7

职业能力	专项能力		能力要素
A1.2 施工图识读能力	A1.2.1	建施图识读能力	建筑投影知识应用能力
			建筑制图规则应用能力
			建筑构造知识应用能力
	A1.2.2	结施图识读能力	平法制图规则应用能力
			结构构造要求应用能力
	A1.2.3	设施图识读能力	给排水制图规则应用能力
			电气制图规则应用能力
	A1.2.4	图纸综合识读能力	图纸综合自审能力
			图纸问题解决能力

（三）能力定位

见表5-8。

施工图识读能力定位　　　　　　　　　　　　　　　表 5-8

职业能力	专项能力		能力要素	能力标准
A1.2 施工图 识读能力	A1.2.1	建施图 识读能力	建筑投影知识应用能力	能识读建筑三视图、建筑剖 面图与断面图
			建筑制图规则应用能力	能识读建施图常用符号、定位轴线、尺寸 与标高、常用图例
			建筑构造知识应用能力	能根据工程实际情况选用基础、墙体、楼 地面、屋顶、楼梯、变形缝等构造形式
	A1.2.2	结施图 识读能力	平法制图规则应用能力	能识读柱、墙、梁、基础的平面图
			结构构造要求应用能力	能根据工程实际情况，选用柱、墙、梁、 基础的标准构造详图执行
	A1.2.3	设施图 识读能力	给排水制图规则应用能力	能识读给排水施工图中的常用图例
			电气制图规则应用能力	能识读电气施工图中的常用图例
	A1.2.4	图纸综合 识读能力	图纸综合自审能力	能对多层框架结构工程的一套建筑和结构 施工图进行综合识读，查找图纸中的"漏、 碰、错"等问题，编写自审记录
			图纸问题解决能力	能对图纸中简单的问题提出解决方案，对 不合理之处提出修改建议

二、施工图识读能力的考核评价体系

（一）体系构建思路

（1）围绕《建筑工程技术》专业人才培养目标，对施工图识读能力进行合理分解，分析确定施工图识读能力由建施图识读能力、结施图识读能力、设施图识读能力、图纸综合识读能力四个专项能力组成及权重。

（2）研究确定各专项能力的定位和标准，包括各专项能力的能力要素组成及权重，能力要素的标准等。

（3）各专项能力的教学设计，包括教学内容的明确、教学资源的完善、教学方法的选择等。

（4）各专项能力的评价体系建立，包括评价标准、评价内容、评价方法、评价项目等。

（5）汇总构建施工图识读能力的评价体系。

（二）能力评价标准

深入建筑企业广泛调研，了解企业对施工员岗位群的职业能力需求，分析建施图识读能力、结施图识读能力、设施图识读能力、图纸综合识读能力四个专项能力的能力定位。在此基础上，根据教育教学规律并结合学院教学实际情况，确定四个专项能力所包含的各能力要素及权重，并针对每个能力要素，确定能力要素的评价标准，见表5-9。

施工图识读能力评价标准 表 5-9

职业能力	专项能力		权重	能力要素	总分	评价等级	
A1.2 施工图 识读能力	A1.2.1	建施图 识读能力	0.30	建筑投影知识应用能力	100	优秀	90～100
				建筑制图规则应用能力			
				建筑构造知识应用能力			
	A1.2.2	结施图 识读能力	0.35	平法制图规则应用能力		良好	75～89
				结构构造要求应用能力			
	A1.2.3	设施图识 读能力	0.05	给排水制图规则应用能力		合格	60～74
				电气制图规则应用能力			
	A1.2.4	图纸综合 识读能力	0.30	图纸综合自审能力		不合格	60 以下
				图纸问题解决能力			

（三）能力评价细则

能力评价细则是能力评价体系能够施行的准则。根据能力评价标准确定的各项能力要素，确定其权重、能力标准、考核项目、评分标准、评价方法。特别是考核项目，一定要切实可行，具有较强的可操作性，见表 5-10～表 5-13。

建施图识读能力评价细则 表 5-10

专项能力	总分	单项能力	权重	能力标准	考核项目	评分标准	评价方法
A1.2.1 建施图 识读能力	100	建筑投影 知识应用 能力	0.25	能识读建筑三视图、建筑剖面图与断面图	识读三视图	识读正确得分，不正确不扣分，满分为 15 分	机考
					识读剖面图	识读正确得分，不正确不扣分，满分为 5 分	机考
					识读断面图	识读正确得分，不正确不扣分，满分为 5 分	机考
		建筑制图 规则应用 能力	0.25	能识读建施图常用符号、定位轴线、尺寸与标高、常用图例	识读常用符号	识读正确得分，不正确不扣分，满分为 10 分	机考
					识读定位轴线、尺寸与标高	识读正确得分，不正确不扣分，满分为 5 分	机考
					识读常用图例	识读正确得分，不正确不扣分，满分为 10 分	机考
		建筑构造 知识应用 能力	0.50	能根据工程实际情况选用基础、墙体、楼地面、屋顶、楼梯、变形缝等构造形式	选用基础构造形式	选用正确得分，不正确不扣分，满分为 5 分	机考
					选用墙体构造形式	选用正确得分，不正确不扣分，满分为 10 分	机考
					选用楼地面构造形式	选用正确得分，不正确不扣分，满分为 10 分	机考
					选用屋顶构造形式	选用正确得分，不正确不扣分，满分为 10 分	机考

续表

专项能力	总分	单项能力	权重	能力标准	考核项目	评分标准	评价方法
A1.2.1 建施图识读能力	100	建筑构造知识应用能力	0.50	能根据工程实际情况选用基础、墙体、楼地面、屋顶、楼梯、变形缝等构造形式	选用楼梯构造形式	选用正确得分，不正确不扣分，满分为10分	机考
					选用变形缝构造形式	选用正确得分，不正确不扣分，满分为5分	机考

结施图识读能力评价细则

表 5-11

专项能力	总分	单项能力	权重	能力标准	考核项目	评分标准	评价方法
A1.2.2 结施图识读能力	100	平法制图规则应用能力	0.50	能识读柱、墙、梁、基础的平法施工图	识读柱平法施工图	识读正确得分，不正确不扣分，满分为15分	机考
					识读墙平法施工图	识读正确得分，不正确不扣分，满分为5分	机考
					识读梁平法施工图	识读正确得分，不正确不扣分，满分为15分	机考
					识读基础平法施工图	识读正确得分，不正确不扣分，满分为15分	机考
		结构构造要求应用能力	0.50	能根据工程实际情况，选用柱、墙、梁、基础的标准构造详图执行	选用柱标准构造详图	选用正确得分，不正确不扣分，满分为15分	机考
					选用墙标准构造详图	选用正确得分，不正确不扣分，满分为10分	机考
					选用梁标准构造详图	选用正确得分，不正确不扣分，满分为15分	机考
					选用基础标准构造详图	选用正确得分，不正确不扣分，满分为10分	机考

设施图识读能力评价细则

表 5-12

专项能力	总分	单项能力	权重	能力标准	考核项目	评分标准	评价方法
A1.2.3 设施图识读能力	100	给排水制图规则应用能力	0.50	能识读给排水施工图中的常用图例	识读给水配件、管道、管道附件的图例	识读正确得分，不正确不扣分，满分为20分	机考
					识读消防设施图例	识读正确得分，不正确不扣分，满分为15分	机考
					识读小型附属构筑物图例	识读正确得分，不正确不扣分，满分为15分	机考
		电气制图规则应用能力	0.50	能识读电气施工图中的常用图例	识读强电图例	识读正确得分，不正确不扣分，满分为30分	机考
					识读弱电图例	识读正确得分，不正确不扣分，满分为20分	机考

图纸综合识读能力评价细则　　　　　　　　　　　　　**表 5-13**

专项能力	总分	单项能力	权重	能力标准	考核项目	评分标准	评价方法
A1.2.4 图纸综合识读能力	100	图纸综合自审能力	0.80	能对多层框架结构工程的一套建筑和结构施工图进行综合识读，查找图纸中的"漏、碰、错"等问题，编写自审记录	查找图纸中表达不齐全，存在缺漏的内容并记录	每查出图纸中一处缺漏并记录正确得分，不正确不扣分，满分为20分	笔试
					查找图纸中表达不一致，相互矛盾存在碰头的内容并记录	每查出图纸中一处碰头并记录正确得分，不正确不扣分，满分为30分	笔试
					查找图纸中存在的技术错误或表达错误并记录	每查出图纸中一处错误并记录正确得分，不正确不扣分，满分为30分	笔试
		图纸问题解决能力	0.20	能对图纸中简单的问题提出解决方案，对不合理之处提出修改建议	解决图纸中简单的"错、碰"问题	每解决图纸中一处问题正确得分，不正确不扣分，满分为15分	笔试或面试
					修改图纸中造成施工不便或影响施工质量的不合理之处	每解决图纸中一处问题正确得分，不正确不扣分，满分为5分	笔试或面试

三、施工图识读能力的考核评价方法

为了更好地评价学生的施工图识读能力，同时促进学生对于将来工作的适应能力，因此以实际工程图纸阅读水平作为学生的能力评价依据。为此，第一种评价方法是通过软件测试，我们为此设计了两个能力评价软件：

（1）《施工图识读能力训练系统》，何辉等，软件著作权 2008SR10436，如图 5-1～图

图 5-1　《施工图识读能力训练系统》页面1

5-3 所示。

（2）《施工图识读能力考核系统》，何辉等，软件著作权 2008SR10435，如图 5-4 所示。

题号	题目文字	标准答案	知识点	难易程度	分值	用途
1	请在下图A、B、C、D所示部位中选出不符合规范的一项（框架抗震等级为四级）	C	柱配筋（柱尺寸标注有误）	中等	2	练习和考试
2	请在下图A、B、C、D所示部位中选出不符合规范的一项（框架抗震等级为四级）	D	柱配筋（柱配筋标注有误）	中等	2	练习和考试
3	请在下图A、B、C、D所示部位中选出不符合规范的一项（框架抗震等级为四级）	B	柱尺寸标注有误	中等	2	练习和考试
4	请在下图A、B、C、D所示部位中选出不符合规范的一项（框架抗震等级为四级）	C	柱配筋（缺少标注）	中等	2	练习和考试
5	请在下图A、B、C、D所示部位中选出不符合规范的一项（框架抗震等级为四级）	B	柱配筋（箍筋加密）	中等	2	练习和考试
6	请在下图A、B、C、D所示部位中选出不符合规范的一项（框架抗震等级为四级）	C	梁配筋（梁侧构造筋）	中等	2	练习和考试
7	请在下图A、B、C、D所示部位中选出不符合规范的一项（框架抗震等级为四级）	B	梁配筋（梁支座筋）	中等	2	练习和考试
8	请在下图A、B、C、D所示部位中选出不符合规范的一项（框架抗震等级为四级）	B	梁配筋（缺少标注）	容易	2	练习和考试
9	请在下图A、B、C、D所示部位中选出不符合规范的一项（框架抗震等级为四级）	A	梁配筋（箍筋加密）	中等	2	练习和考试
10	请在下图A、B、C、D所示部位中选出不符合规范的一项（框架抗震等级为四级）	D	梁配筋（GR截面关系）	较难	2	练习和考试
11	请在下图A、B、C、D所示部位中选出最恰当的一项	C	基础（构造）	中等	2	练习和考试
12	请在下图A、B、C、D所示部位中选出最恰当的一项	C	基础（构造）	中等	2	练习和考试
13	请在下图A、B、C、D所示部位中选出最恰当的一项	C	板洞加筋（构造）	中等	2	练习和考试
14	请在下图A、B、C、D所示部位中选出最恰当的一项	A	吊筋（构造）	中等	2	练习和考试
15	请在下图A、B、C、D所示部位中选出最恰当的一项（附加箍筋直径为φ8）	A	加密箍（构造）	中等	2	练习和考试
16	请在下图A、B、C、D所示部位中选出最恰当的一项	B	楼梯配筋	容易	2	练习和考试
17	请在下图A、B、C、D所示部位中选出最恰当的一项	A	梁平法规则	容易	2	练习和考试
18	请在下图A、B、C、D所示部位中选出最恰当的一项	D	梁平法规则	容易	2	练习和考试
19	请在下图A、B、C、D所示部位中选出最恰当的一项	B	栏板配筋	中等	2	练习和考试
20	请在下图A、B、C、D所示部位中选出最恰当的一项	C	楼板配筋	中等	2	练习和考试
21	请在下图A、B、C、D所示部位中选出不符合规范的一项（框架抗震等级为四级）	A	梁平法规则	中等	2	练习和考试
22	请在下图A、B、C、D所示部位中选出不符合规范的一项（框架抗震等级为四级）	A	梁平法规则	中等	2	练习和考试
23	请在下图A、B、C、D所示部位中选出不符合规范的一项（框架抗震等级为四级）	B	柱配筋（柱配筋标注有误）	中等	2	练习和考试
24	请在下图A、B、C、D所示部位中选出不符合规范的一项（框架抗震等级为四级）	D	柱配筋（柱配筋标注有误）	中等	2	练习和考试
25	请在下图A、B、C、D所示部位中选出最恰当的一项	B	建筑剖面和立面是否相符	中等	2	练习和考试
26	请在下图A、B、C、D所示部位中选出最恰当的一项	D	楼梯配筋图	中等	2	练习和考试
27	请在下图A、B、C、D所示部位中选出不符合规范的一项	C	楼梯配筋图	中等	2	练习和考试
28	请在下图A、B、C、D所示部位中选出最恰当的一项	D	雨蓬配筋图	中等	2	练习和考试
29	请在下图A、B、C、D所示部位中选出最恰当的一项	C	基础配筋图	中等	2	练习和考试
30	请在下图A、B、C、D所示部位中选出不符合规范的一项	B	砌体挑梁构造	中等	2	练习和考试

图 5-2 《施工图识读能力训练系统》页面 2

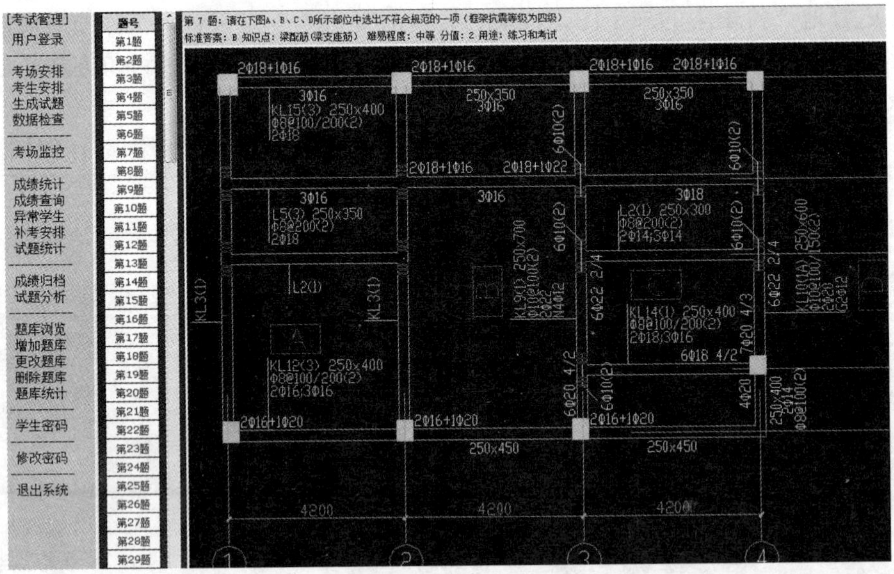

图 5-3 《施工图识读能力训练系统》页面 3

利用《施工图识读能力训练系统》使学生完成平时的训练和自测；利用《施工图识读能力考核系统》，使学生在规定时间内，在计算机上现场操作完成规定的读图任务，根据学生完成的质量，对现场操作的结果进行评价。

第二种评价方法是用模拟图纸会审的形式，采用面试的方式，对学生掌握施工图识读能力的情况进行考核评价，如图 5-5 所示。

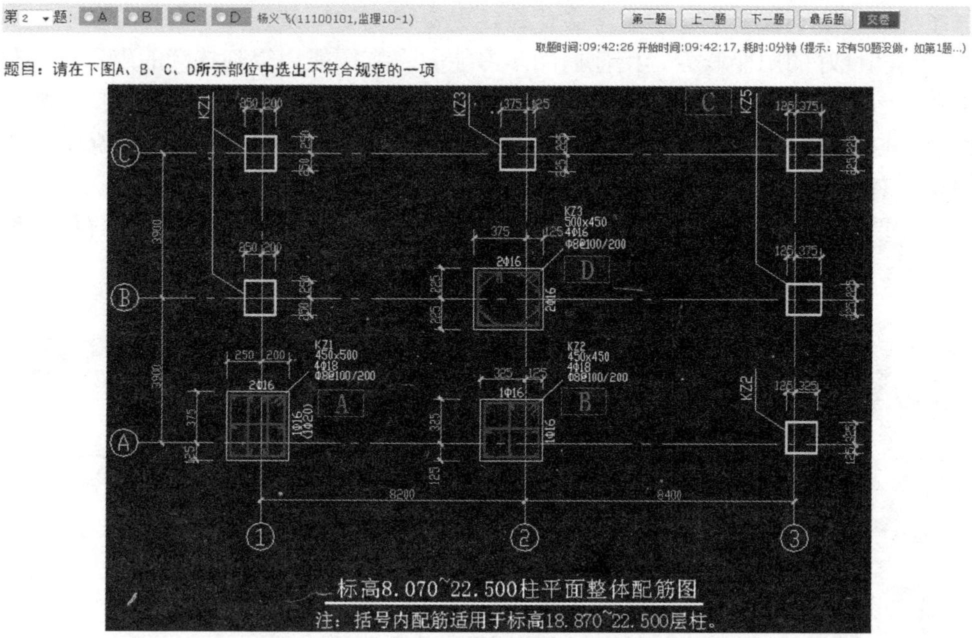

图 5-4 《施工图识读能力考核系统》页面 1

图 5-5 图纸会审模拟（面试）

四、施工图识读能力的考核评价实践

1. 评价监控与统计

在评价实施中，坚持评价结果与评价过程相结合，考虑评价对调动学生积极性的作用问题。评价过程中不仅要关注学生学会什么，更要强调学生是怎样学会的，从而培养学生的专业兴趣和良好的职业修养，使他们的学习能力、应用能力得到持续的发展。评价实施中应重视"参与广度"、"参与深度"、"评价结果认可度"和"学生自我反思"。教师在评价过程中，自始至终都要体现教师的教是为学生的学服务，突出学生在评价中的主体地位。同时，对评价过程进行全过程、动态的监控，确保评价过程的科学性与公正性，认真做好评价结果统计工作，使评价结果能全面、科学、真实地反映教学效果。《施工图识读能力考核系统》的监控页面和统计分析表，如图5-6～图5-10所示。

随机生成试题

考场号	考试名称	考场地点	人数	考试状态	开始时间	结束时间	时长	归档
86	建工09-1	机房6	48	考试结束	2011-10-14 16:10:00	17:10	60	
87	建工09-2	机房7	48	考试结束	2011-10-14 16:10:00	17:10	60	
88	建工09-3	机房8	47	考试结束	2011-10-14 16:10:00	17:10	60	

考场号：87　生成考生试题　注意，在学生考试时不要对试题进行操作！！！　清空考生试题

全选中	序号	题数	班级	学号	姓名	性别	开始时间	考试状态
	1	50	建工09-2	10090201	蔡金柱	男	2011-10-14 15:53	考试结束
	2	50	建工09-2	10090202	潘吉君	男	2011-10-14 15:53	考试结束
	3	50	建工09-2	10090203	冯驷鹏	男	2011-10-14 15:52	考试结束
	4	50	建工09-2	10090204	李筱林	女	2011-10-14 15:52	考试结束
	5	50	建工09-2	10090205	冯凯	男	2011-10-14 15:53	考试结束
	6	50	建工09-2	10090206	高健	男	2011-10-14 15:52	考试结束
	7	50	建工09-2	10090207	黄海献	男	2011-10-14 15:52	考试结束
	8	50	建工09-2	10090208	赵年健	男	2011-10-14 15:52	考试结束
	9	50	建工09-2	10090209	孙祥	男	2011-10-14 15:52	考试结束
	10	50	建工09-2	10090210	马斌斌	男	2011-10-14 15:53	考试结束
	11	50	建工09-2	10090211	张剑	男	2011-10-14 15:52	考试结束
	12	50	建工09-2	10090212	金王盛	男	2011-10-14 15:52	考试结束
	13	50	建工09-2	10090213	陈高林	男	2011-10-14 15:52	考试结束
	14	50	建工09-2	10090214	余治远	男	2011-10-14 15:52	考试结束
	15	50	建工09-2	10090215	纪林方	男	2011-10-14 15:52	考试结束
	16	50	建工09-2	10090216	宁武剑	男	2011-10-14 15:52	考试结束
	17	50	建工09-2	10090217	叶洪枫	男	2011-10-14 15:51	考试结束
	18	50	建工09-2	10090219	柳利凯	男	2011-10-14 15:52	考试结束

图 5-6　《施工图识读能力考核系统》实时监控页面 1

考场号	考试名称	考场地点	人数	考试状态	开始时间	结束时间	时长	归档
86	建工09-1	机房6	48	考试结束	2011-10-14 16:10:00	17:10	60	
87	建工09-2	机房7	48	考试结束	2011-10-14 16:10:00	17:10	60	
88	建工09-3	机房8	47	考试结束	2011-10-14 16:10:00	17:10	60	
89	建工09-4	机房9	47	考试结束	2011-10-14 16:10:00	17:10	60	
90	建工09-5	机房10		考试结束	2011-10-14 16:10:00			

《建筑工程识图能力》上机考试成绩统计（建工09-1）考试时间：2011-10-14 16:10

总人数	考试人数	缺考人数	最高分	最低分	平均分	平均耗时
48	48	0	88	56	78	20

考场人数	[100,90]	(90,80]	(80,70]	(70,60]	(60,50]	(50,40]	(40,30]	(30,0]
48	0	22	23	2	1	0		

序号	班级	学号	姓名	耗时	正确题数	错误题数	未做题数	成绩
1	建工09-1	10090101	乔印文	32	33	17	0	66
2	建工09-1	10090102	李晓晴	24	36	14	0	72
3	建工09-1	10090103	樊瑞士	22	44	6	0	88
4	建工09-1	10090104	朱晨伟	15	39	11	0	78
5	建工09-1	10090105	陈霖枫	18	39	10	0	78
6	建工09-1	10090106	钟振华	23	40	10	0	80
7	建工09-1	10090107	陈明	15	41	9	0	82
8	建工09-1	10090108	郭靖	14	41	9	0	82
9	建工09-1	10090109	周马黎	15	38	12	0	76
10	建工09-1	10090110	林恒达	17	38	12	0	76
11	建工09-1	10090112	潘人杰	29	39	11	0	78
12	建工09-1	10090113	王冰德	24	38	12	0	76
13	建工09-1	10090114	李圆斌	14	42	8	0	84
14	建工09-1	10090115	贝斌	14	42	8	0	84
15	建工09-1	10090116	虞勤琪	29	42	8	0	84
16	建工09-1	10090117	王克宇	14	39	11	0	78
17	建工09-1	10090118	卢喃	20	41	9	0	82
18	建工09-1	10090119	郑奥深	13	41	9	0	82

图 5-7　《施工图识读能力考核系统》实时监控页面 2

题号	题目内容	学生答案	题库题号
1	请在下图A、B、C、D所示部位中选出最恰当的一项	C	55
2	请在下图A、B、C、D所示部位中选出最恰当的一项（附加箍筋直径为Φ8）	A	15
3	请在下图A、B、C、D所示部位中选出正确的一项	D	74
4	请在下图A、B、C、D所示部位中找出满足规范条件下，现浇板板面钢筋锚固长度最短的一项	D	105
5	请在以下某商场楼梯平面图A、B、C、D所示部位中，请找出构造正确的一项	A	100
6	请在下图A、B、C、D所示部位中找出基础底板钢筋长度布置正确的一项	C	63
7	请在下图A、B、C、D所示部位中找出剪力墙水平钢筋连接构造正确的一项	C	107
8	请在下图A、B、C、D所示部位中选出最恰当的一项	D	43
9	请在下图A、B、C、D所示部位中选出最恰当的一项	C	33
10	请在下图A、B、C、D所示部位中找出剪力墙竖向钢筋顶部构造正确的一项	B	108
11	请在下图A、B、C、D所示部位中底层抗震柱箍筋加密区符合构造要求的一项	A	73
12	请在下图A、B、C、D所示部位中选出最恰当的一项	A	26
13	请在下图A、B、C、D所示部位中找出桩位施工偏差超出允许范围的一项（括号内为施工后桩位尺寸）	C	102
14	请在下图A、B、C、D所示部位中选出最恰当的一项	C	29
15	请在下图A、B、C、D所示部位中找出剪力墙墙身变截面处竖向钢筋构造正确的一项	A	97
16	请在下图A、B、C、D所示部位中选出不符合规范的一项（框架抗震等级为四级）	C	7
17	请在下图A、B、C、D所示部位中选出最恰当的一项	C	28
18	请在下图A、B、C、D所示部位中选出最恰当的一项	A	45
19	请在下图A、B、C、D所示部位中选出不符合规范的一项	B	49
20	请在下图A、B、C、D所示部位中选出不符合规范的一项	D	77
21	请在下图A、B、C、D所示部位中选出不符合规范的一项（框架抗震等级为四级）	B	3
22	请在下图A、B、C、D所示部位中选出最恰当的一项	A	19
23	请在下图A、B、C、D所示部位中选出不符合规范的一项（框架抗震等级为四级）	C	24
24	请在下图A、B、C、D所示部位中找出框架梁下部纵筋锚固长度正确的一项	D	70
25	请在下图A、B、C、D所示部位中选出不符合规范的一项（框架抗震等级为四级）	C	10
26	请在下图A、B、C、D所示部位中选出不符合规范的一项	C	59
27	请在下图A、B、C、D所示部位中选出最恰当的一项	C	11
28	请在下图A、B、C、D所示部位中找出桩位施工偏差在允许范围内的一项（括号内为施工后桩位尺寸）	B	101
29	请在下图A、B、C、D所示部位中选出不符合规范的一项（框架抗震等级为四级）	C	4
30	请在下图A、B、C、D所示部位中在满足混凝土规范要求下，找出连续板底筋锚固长度最短的一项	A	67
31	请在下图A、B、C、D所示部位中选出抗震要求下框架节点构造符合规范的一项	C	109

图 5-8　《施工图识读能力考核系统》统计分析表 1

[考试管理]
用户登录
考场安排
考生安排
生成试题
数据检查
考场监控
成绩统计
成绩查询
异常学生
补考安排
试题统计
成绩归档
题库浏览
增加题库
更改题库
删除题库
题库统计
学生密码
修改密码
退出系统

总人数	考试人数	缺考人数	最高分	最低分	平均分	平均耗时
1883	1837	46	92	12	71.69	24.73

考场人数	90以上	80以上	70以上	60以上	50以上	40以上	30以上	30以下
1883	23	691	606	250	99	57	53	58

题目编号	标准答案	正确人数	错误人数	正确率	未做人数	错误答案(人数)
1	C	603	131	82	21	D(17) B(37) A(77)
2	D	594	131	82	14	B(97) C(28) A(6)
3	B	602	89	87	13	D(41) C(38) A(10)
4	C	566	107	84	16	D(37) B(59) A(11)
5	B	621	78	89	13	D(37) C(27) A(14)
6	C	431	277	61	17	D(153) B(59) A(65)
7	B	459	215	68	18	D(145) C(26) A(44)
8	B	579	107	84	12	D(55) C(27) A(25)
9	A	388	344	53	18	D(151) B(75) C(118)
10	D	477	215	69	12	A(38) B(64) C(113)
11	C	653	49	93	12	D(18) B(17) A(14)
12	C	655	86	88	14	D(21) A(26) B(39)
13	C	658	48	93	18	D(14) B(19) A(15)
14	A	621	65	91	17	D(13) C(39) B(13)
15	A	664	32	95	8	D(16) B(7) C(9)
16	B	572	89	87	17	D(25) A(27) C(37)
17	A	660	66	91	18	D(24) C(20) B(22)
18	D	535	145	79	14	B(32) C(72) A(41)
19	D	650	35	95	20	B(8) C(22) A(5)
20	C	606	54	92	18	D(24) A(6) B(24)
21	A	576	80	88	14	D(31) C(27) B(22)
22	D	418	319	57	17	C(82) A(149) B(88)
23	B	561	146	79	16	D(32) C(38) A(56)

图 5-9　《施工图识读能力考核系统》统计分析表 2

2. 考核结果的反馈

评价在课程体系中起着激励导向和质量监控的作用。应建立体现素质教育思想、促进学生全面发展、激励教师上进和推动课程不断完善的评价体系，既要关注结果，更要关注过程。

（1）评价应有助于学生素质的全面发展。要改变只关注学生学业成绩的单一总结性的考试评价方式，着眼于充分全面了解学生，帮助学生认识自我，建立自信，关注个别差异，了解学生发展中的需求。发现和发展学生的潜能，促进学生在已有水平上的发展，发挥评价的教育功能。

（2）评价应有助于提高教师的专业素质。应建立以教师自评为主，同时有企业、学生共同参与的评价制度，使教师从多方面获得改进工作的信息，诊断、反思教学行为，不断提高教学水平。

（3）评价应有助于深化课程改革。对课程方案、执行情况及实施效果，要进行周期性的监测和评估，及时调整课程内容，形成课程不断完善的有效机制。

在施工图识读能力的考核评价改革实践过程中，项目组根据反馈结果和实际操作过程中的问题，调整了部分识读能力的权重，另外增加了设施图的识读能力，起到了对教学促进的作用。

考场人数	90以上	80以上	70以上	60以上	50以上	40以上	30以上	30以下
95	0	3	13	16	5	2	13	24

题目编号	标准答案	正确人数	错误人数	正确率	未做人数	错误答案（人数）
1	C	20	11	65	11	D(3) B(6) A(2)
2	D	18	19	49	6	B(10) C(6) A(3)
3	B	12	14	46	8	D(7) C(6) A(1)
4	C	12	16	43	10	D(8) B(7) A(1)
5	B	23	12	66	3	D(3) C(5) A(4)
6	C	9	17	35	11	D(9) B(5) A(3)
7	B	12	17	41	9	D(7) C(7) A(3)
8	B	22	10	69	5	D(4) C(5) A(1)
9	A	13	23	36	13	D(8) B(9) C(6)
10	D	10	17	37	7	A(3) B(6) C(8)
11	C	24	9	73	7	D(1) B(6) A(2)
12	C	19	9	68	10	D(3) A(3) B(3)
13	C	25	6	81	8	B(4) A(2)
14	A	15	20	43	8	D(5) C(10) B(5)
15	A	14	9	61	6	D(3) B(3) C(3)
16	B	15	13	54	10	D(3) A(5) C(5)
17	A	16	18	47	9	D(8) C(7) B(3)
18	D	13	14	48	8	B(6) C(6) A(2)
19	D	11	8	58	12	B(4) C(3) A(1)
20	C	21	8	72	8	D(3) A(1) B(4)
21	A	15	14	52	8	D(5) C(5) B(4)
22	D	9	22	29	11	C(9) A(9) B(4)
23	B	11	18	38	8	D(7) C(9) A(2)
24	D	15	12	56	8	C(8) B(3) A(1)

题目编号	标准答案	正确人数	错误人数	正确率	未做人数	错误答案（人数）
25	A	17	20	46	8	D(7) B(6) C(7)
26	D	22	11	67	2	B(4) C(5) A(2)
27	D	10	14	42	4	C(5) B(5) A(4)
28	C	16	13	55	6	D(4) B(5) A(4)
29	C	20	15	57	10	D(5) B(3) A(7)
30	B	15	9	63	9	D(1) A(2) C(6)
31	A	14	15	48	5	D(5) C(7) B(3)
32	A	11	16	41	5	D(4) B(5) C(7)
33	D	13	8	62	10	C(7) A(1)
34	D	15	14	52	6	C(10) B(2) A(2)
35	A	16	9	64	6	D(2) C(5) B(2)
36	B	13	13	50	5	D(6) C(4) A(3)
37	C	15	16	48	5	D(5) A(5) B(6)
38	D	16	12	57	9	C(6) B(3) A(3)
39	D	20	13	61	13	C(5) A(7) B(1)
40	D	14	16	47	3	C(10) B(4) A(2)
41	C	11	20	35	7	D(6) B(11) A(3)
42	D	13	14	48	7	A(4) B(5) C(5)
43	C	19	16	54	8	D(6) B(6) A(4)
44	C	10	16	38	8	D(6) B(7) A(3)
45	C	20	9	69	8	D(2) B(6) A(1)
46	A	24	11	69	9	D(4) C(2) B(5)
47	D	12	11	52	8	C(5) A(1) B(5)
48	D	22	17	56	10	B(6) C(8) A(3)
49	B	16	20	44	5	D(5) C(9) A(6)
50	C	17	11	61	8	D(3) B(5) A(3)

图 5-10 《施工图识读能力考核系统》统计分析表 3

第三节 基本构件计算能力

一、基本构件计算能力的定位和分解

（一）分析依据

基本构件计算能力是建筑工程技术专业学生的核心能力之一，同时也是将来从事施工员岗位群所必需的职业能力。根据建筑工程技术专业面向岗位群以及施工员岗位群主要的职责、工作任务范围、具体任务、工作流程、工作对象、工作方法、使用工具、劳动组织方式、与其他任务的关系、所需的知识、能力和职业素养等调研结果，同时参考住建部颁发的《建筑与市政工程施工现场专业人员职业标准》JGJ/T 250—2011 的职业能力标准、职业技能以及其确定的专业能力测试体系，对基本构件计算能力进行专项能力的分解和定位。

（二）能力分解

将专业核心职业能力分解成基本职业能力、专项能力和能力要素三个层次，以基本职业能力为单位，将每项基本职业能力进行能力分解，见表5-14。

基本构件计算能力分解   表 5-14

职 业 能 力		专 项 能 力		能 力 要 素
A2.1	基本构件计算能力	A2.1.1	查阅相关规范能力	正确选用规范能力
				正确选用有关数据能力
		A2.1.2	基本构件计算能力	结构计算简图简化能力
				结构内力计算能力
				构件设计与复核能力
		A2.1.3	结构构造处理能力	一般构造应用能力
				抗震构造措施应用能力
		A2.1.4	专业软件应用能力	正确选用专业计算软件能力
				专业计算软件操作能力
				计算结果分析与判断能力
				结构施工图绘制能力

（三）能力定位
见表5-15。

基本构件计算能力定位   表 5-15

职 业 能 力		专 项 能 力		能 力 要 素	能 力 定 位
A2.1	基本构件计算能力	A2.1.1	查阅相关规范能力	正确选用规范能力	能根据工作任务与要求正确选用相应的规范
				正确选用有关数据能力	能正确选择材料、确定材料级别，查阅相关计算数据
		A2.1.2	基本构件计算能力	结构计算简图简化能力	能建立正确的结构计算模型
				结构内力计算能力	能根据力学知识正确计算结构的内力，并绘制内力图
				构件设计与复核能力	能进行基本构件的截面设计与截面复核
		A2.1.3	结构构造处理能力	一般构造应用能力	能依据国家现行设计规范与规程正确进行各类基本构件构造设计
				抗震构造措施应用能力	能依据国家现行抗震设计规范正确进行各类基本构件抗震构造设计
		A2.1.4	专业软件应用能力	正确选用专业计算软件能力	具备正确选用专业计算软件能力
				专业计算软件操作能力	具备结构构件的布置、截面尺寸的确定、材料选择的能力；具备荷载计算与选用能力；具备结构模型的录入能力；具备计算参数的选择能力
				计算结果分析与判断能力	具备计算结果分析与判断能力
				结构施工图绘制能力	具备结构施工图的绘制能力

二、基本构件计算能力的考核评价体系

（一）体系构建思路

（1）围绕《建筑工程技术》专业人才培养目标，对基本构件计算能力进行合理分解，分析确定基本构件计算能力，由查阅相关规范能力、基本构件计算能力、结构构造处理能力、专业软件应用能力四个专项能力组成及权重。

（2）研究确定各专项能力的定位和标准，包括各专项能力的能力要素组成及权重，能力要素的标准等。

（3）各专项能力的教学设计，包括教学内容的明确，教学资源的完善，教学方法的选择等。

（4）各专项能力的评价体系建立，包括评价标准、评价内容、评价方法、评价项目等。

（5）汇总基本构件计算能力的评价体系。

（二）能力评价标准

深入建筑企业广泛调研，了解企业对施工员岗位群的职业能力需求，分析查阅相关规范能力、基本构件计算能力、结构构造处理能力、专业软件应用能力四个专项能力的能力定位。在此基础上，根据教育教学规律并结合学院教学实际情况，确定四个专项能力所包含的各能力要素及权重，并针对每个能力要素，确定能力要素的评价标准，见表 5-16。

基本构件计算能力评价标准　　　　　　表 5-16

职业能力	专项能力		权重	能力要素	总分	评价等级	
A2.1 基本构件计算能力	A2.1.1	查阅相关规范能力	0.10	正确选用规范能力	100	优秀	90～100
				正确选用有关数据能力		良好	75～89
	A2.1.2	基本构件计算能力	0.50	结构计算简图简化能力			
				结构内力计算能力			
				构件设计与复核能力			
	A2.1.3	结构构造处理能力	0.30	一般构造应用能力		合格	60～74
				抗震构造措施应用能力			
	A2.1.4	专业软件应用能力	0.10	正确选用专业计算软件能力			
				专业计算软件操作能力		不合格	60 以下
				计算结果分析与判断能力			
				结构施工图绘制能力			

（三）能力评价细则

能力评价细则是能力评价体系能够施行的准则。根据能力评价标准确定的各项能力要素，确定其权重、能力标准、考核项目、评分标准、评价方法。特别是考核项目，一定要切实可行，具有较强的可操作性，见表 5-17～表 5-20。

查阅相关规范的能力评价细则　　　　　　　　　　　　　　　　表 5-17

专项能力	总分	能力要素	权重	能力标准	考核项目	评分标准	评价方法
A2.1.1 查阅相关规范能力	100	正确选用规范能力	0.30	能根据工作任务与要求正确选用相应的规范	依据表述	依据工作任务表述正确,满分10分	提问答辩
					规范理解	对规范术语理解正确,满分10分	
					规范选用	规范选用正确,满分10分	
		正确选用有关数据能力	0.70	能正确选择材料、确定材料级别、查阅相关计算数据	材料的选用	材料的种类、特性及选择要求,表述正确,满分20分	提问答辩
						材料的标号及级别表述正确,满分20分	
					计算指标的选用	选用数值准确,满分30分	

基本构件计算能力评价细则　　　　　　　　　　　　　　　　表 5-18

专项能力	总分	能力要素	权重	能力标准	考核项目	评分标准	评价方法
A2.1.2 基本构件计算能力	100	结构计算简图简化能力	0.20	能建立正确的结构计算模型	结构体系的简化	结构体系的简化正确,满分5分	小组互检、提问答辩
					支座的简化	支座的简化正确,满分5分	
					计算跨度的确定	计算跨度正确,满分5分	
					结构荷载简化	结构荷载简化正确,满分5分	
		结构内力计算能力	0.30	能根据力学知识正确计算结构的内力,并绘制内力图	内力计算	内力计算正确,满分20分	小组互检、提问答辩
					绘制结构内力图	结构内力图正确,满分10分	
		构件设计与复核能力	0.50	能进行基本构件的截面设计与截面复核	确定截面尺寸与形状	截面尺寸合理,满分10分	小组互检、提问答辩
					计算方法的选择	计算方法正确,满分10分	
					计算步骤	计算步骤、计算结果正确,满分25分	
					计算结果的校审	符合规范要求,满分5分	

结构构造处理能力评价细则 表 5-19

专项能力	总分	能力要素	权重	能力标准	考核项目	评分标准	评价方法
A2.1.3 结构构造处理能力	100	一般构造应用能力	0.4	能依据国家现行设计规范与规程正确进行各类基本构件构造设计	一般构造	根据构造要求正确选择截面尺寸与形状，满分 5 分	提问答辩
						根据工作任务正确选择一般构造，满分 10 分	
						会使用结构标准图集，满分 5 分	
					各类结构构件的专项构造	掌握各类结构构件的强制性构造要求，满分 5 分	
						熟悉各类结构构件的专项构造要求，满分 10 分	
						各类结构构件构造要求应用得当，满分 5 分	
		抗震构造措施应用能力	0.6	能依据国家现行抗震设计规范正确进行各类基本构件抗震构造设计	各类结构构件的抗震构造措施	掌握各类结构构件的强制性抗震构造措施，满分 25 分	提问答辩
						熟悉各类结构构件的抗震构造要求，满分 15 分	
						各类结构构件抗震构造要求应用得当，满分 20 分	

专业软件应用能力评价细则 表 5-20

专项能力	总分	能力要素	权重	能力标准	考核项目	评分标准	评价方法
A2.1.4 专业软件应用能力	100	正确选用专业计算软件能力	0.10	具备正确选用专业计算软件能力	专业计算软件的适用范围	满分 5 分	机考
					专业计算软件的选择	满分 5 分	机考
		专业计算软件操作能力	0.55	具备结构构件的布置、截面尺寸的确定、材料选择的能力	结构构件的平面布置	布置合理 5 分；较合理 5 分、一般 4 分	机考
					截面尺寸的确定	截面合理 5 分；较合理 5 分、一般 4 分	机考
					材料选择	正确 2 分	机考
				具备荷载计算与选用能力	板、墙荷载的计算	计算正确得 4 分；错一个扣 1 分	机考
					楼（屋）面可变荷载的选用	满分 2 分；错一个扣 1 分	机考
					风、雪可变荷载的选用	满分 2 分；错一个扣 1 分	机考
				具备结构模型的录入能力	结构标准层的录入	满分 20 分；错一处扣 1 分	机考
					结构标准层的组装	满分 5 分；错一个参数扣 1 分	机考
				具备计算参数的选择能力	结构抗震	满分得 5 分；错一个参数扣 1 分	机考
					可变荷载的折减	选用正确得 1 分；错一个参数扣 0.5 分	机考
					其他	满分得 4 分；错一个参数扣 0.5 分	机考

续表

专项能力	总分	能力要素	权重	能力标准	考核项目	评分标准	评价方法
A2.1.4 专业软件应用能力	100	计算结果分析与判断能力	0.10	具备计算结果分析与判断能力	熟悉规范有关控制参数规定	满分得 5 分	机考
					熟悉影响控制参数的因素	满分得 5 分	机考
		结构施工图绘制能力	0.25	具备结构施工图的绘制能力	结构平面图的绘制	满分 5 分；错一处扣 0.5 分	机考
					梁配筋平面图的绘制	满分 15 分；错一处扣 0.5 分	机考
					柱（墙）配筋平面图的绘制	满分 5 分；错一处扣 0.5 分	机考

三、基本构件计算能力的考核评价方法

1. 评价方法的选择

为了更好地评价学生的基本构件计算能力，同时促进学生对于将来工作的适应能力，因此以实际成果作为学生的能力评价依据。在评价方法上主要采用答辩、小组互评、机考等方式进行。无论采用何种考核方式，均以实际完成的成果为主要依据，同时考虑到过程中学生的表现等。

2. 评价项目（工作任务）的选择

根据施工员岗位群实际工作内容，依据单项能力确定的评价标准，科学合理地选择具有典型性和代表性的工作内容，结合学校教育教学实际设置评价项目。

3. 评价过程与实施说明

在评价实施中，坚持评价结果与评价过程相结合，要考虑评价对调动学生积极性的作用问题。评价过程中不仅要关注学生学会什么，更要强调学生是怎样学会的，从而培养学生的专业兴趣和良好的职业修养，使他们的学习能力、应用能力得到持续的发展。评价实施中应重视"参与广度"、"参与深度"、"评价结果认可度"和"学生自我反思"。教师在评价过程中，自始至终都要体现教师的教是为学生的学服务，突出学生在评价中的主体地位。

4. 考核人员的选择

在基本构件计算能力的考核中，参与考核的人员主要为授课教师，学生既作为考核对象，同时在互评环节中也作为考核者参与，要充分发挥学生的主动性和积极性。此外在条件允许的情况下，也可以邀请企业技术人员作为答辩教师参与考核。

四、基本构件计算能力的考核评价实践

（一）结构构造处理能力（含查阅相关规范的能力）考核

1. 项目概述

给定抗震多层框架结构办公楼的建筑施工图、结构施工图，在规定时间内完成表 5-21 任务。

表 5-21

序号	任 务
1	查阅相关规范，完成结构施工图中指定楼面梁、屋面梁、框架柱的节点及配筋构造设计，绘制相应梁、柱的纵剖与横剖面
2	完成指定梁、柱钢筋下料长度的计算，形成计算书

2. 要求

（1）应具体说明设计所依据的规范名称与条目并列出相关数据的计算过程。

（2）用 A2 图纸绘制梁、柱的纵剖与横剖面（钢筋应编号，标明钢筋切断点的长度，箍筋加密区的长度，钢筋的锚固长度）。

（3）计算钢筋的下料长度并形成计算书。

（4）以五人为一组，协同完成，成果要求每人一份。

（5）时间要求：总用时 4 周后，其中课堂内安排 4 课时，其余要求利用课余时间。

3. 实施指导

（1）任务的布置：安排 2 课时时间布置相关任务，明确要求并进行分组。

（2）辅导与答疑：集中辅导与个别辅导相结合。

4. 考核评价

评价依据：提问、成果、答辩相结合；过程评价与成果评价相结合；教师评价与小组评价（组长根据每位同学的掌握情况、所做贡献，为组内每位同学评分）相结合。评价汇总见表 5-22。

×××班级结构构造处理能力评价汇总表　　　　　　表 5-22

评价人：_____

学号	姓名	成果准确率	小组评分	提问、答辩	合计得分
		权重 0.50	权重 0.25	权重 0.25	（百分制）
01	…				
02	…				
03	…				
…	…				

（二）专用软件应用能力考核

1. 项目条件

（1）多层框架结构办公楼的建筑施工图。

（2）设计条件：抗震设防类别为乙类，抗震设防基本烈度为 6 度，设计基本加速度值 0.05g，设计地震分组第一组，场地类别为 Ⅱ 类；建筑结构安全等级为二级；风荷载：0.55kN/m²，地面粗糙度：B 类；外墙采用页岩多孔砖；设计使用年限为 50 年。结构计算：采用中国建科院 PKPM、SATWE 等结构软件进行计算、设计。

2. 要求

（1）每个班分为 10 组（每组约 5 人，制定组长），协同完成。

（2）时间：4 周，其中课堂内安排 4 课时，其余要求利用课余时间。

（3）完成成果（要求每组打印）：

①结构设计信息；②周期、振型、地震力；③位移信息；④计算简图（截面、荷载、内力）；⑤一层梁、柱施工图。

3. 实施指导

（1）任务的布置：安排2课时时间布置相关任务，明确要求并进行分组。

（2）辅导与答疑：集中辅导与个别辅导相结合。

4. 考核评价

评价依据：提问、成果、答辩相结合；过程评价与成果评价相结合；教师评价与小组评价（组长根据每位同学的掌握情况、所做贡献，为组内每位同学评分）相结合。

先根据每组的成果评定小组得分，评价汇总见表5-23。

×××班级软件应用能力评价汇总表1　　　　　　　　　　表 5-23

评价人：＿＿＿＿＿＿

组号	姓名	计算软件选用	构件布置、截面尺寸的确定、材料选择	荷载计算与选用	结构模型的录入	计算参数的选择	计算结果分析与判断	施工图的绘制	成果合计得分（百分制）
		权重 0.10	权重 0.12	权重 0.08	权重 0.25	权重 0.10	权重 0.10	权重 0.25	
01	…								
02	…								
03	…								
…	…								

根据每位同学的提问答辩得分、小组评分，评定每位同学的得分，评价汇总见表5-24。

×××班级软件应用能力评价汇总表2　　　　　　　　　　表 5-24

评价人：＿＿＿＿＿＿

学号	姓名	小组成果得分	提问、答辩	小组评分	合计得分（百分制）
		权重 0.60	权重 0.20	权重 0.20	
01	…				
02	…				
03	…				
…	…				

第四节　计量与计价能力

一、计量与计价能力的定位和分解

（一）分析依据

基本构件计算能力是建筑工程技术专业学生的核心能力之一，同时也是将来从事施工员岗位群所必需的职业能力。根据建筑工程技术专业面向岗位群以及施工员岗位群主要的主要职责、工作任务范围、具体任务、工作流程、工作对象、工作方法、使用工具、劳动组织方式、与其他任务的关系、所需的知识、能力和职业素养等调研结果，同时参考住建部颁发的《建筑与市政工程施工现场专业人员职业标准》JGJ/T 250—2011 的职业能力标准、职业技能以及其确定的专业能力测试体系，对计量与计价能力进行专项能力的分解和定位。

（二）能力分解

将专业核心职业能力分解成基本职业能力、专项能力和能力要素三个层次，以基本职业能力为单位，将每项基本职业能力进行能力分解，见表 5-25。

计量与计价能力分解   表 5-25

综合能力	序号	专 项 能 力	能 力 要 素
建筑工程计量与计价能力	2-2-1	建筑工程计价依据应用能力	建筑工程预算定额应用能力
			工程量清单计价规范应用能力
			费用定额应用能力
	2-2-2	建筑工程量的计算能力	土建工程量计算能力
			钢筋工程量计算能力
			装饰装修工程量计算能力
	2-2-3	建筑工程计量与计价软件应用能力	建筑工程计价软件的应用能力
			图形算量软件的应用能力
			钢筋工程量计算软件的应用能力

（三）能力定位

见表 5-26。

计量与计价能力定位   表 5-26

综合能力	序号	专项能力	能 力 要 素	能 力 定 位
建筑工程计量与计价能力	2-2-1	建筑工程计价依据应用能力	建筑工程预算定额应用能力	会正确套用预算定额，确定分项工程或者结构构件的预算价格，编制预算书
			工程量清单计价规范应用能力	熟悉清单计价规范，能编制工程量清单，能进行清单计价或综合单价计算
			费用定额应用能力	熟悉费用定额，掌握计价程序及费率选用
	2-2-2	建筑工程量的计算能力	土建工程量计算能力	会列项，能根据工程量计算规则正确计算建筑工程工程量
			钢筋工程量计算能力	会列项，能根据工程量计算规则正确计算钢筋工程工程量
			装饰装修工程量计算能力	会列项，能根据工程量计算规则正确计算装饰装修工程工程量
	2-2-3	建筑工程计量与计价软件应用能力	建筑工程计价软件的应用能力	能掌握应用某一种计价软件
			图形算量软件的应用能力	能熟悉某一种图形算量软件的原理及界面、通用功能、构件类型说明及画法
			钢筋工程量计算软件的应用能力	能熟悉某一种钢筋算量软件的计算思路及界面、通用功能、构件类型说明及输入方式

二、计量与计价能力的考核评价体系

（一）体系构建思路

（1）围绕《建筑工程技术》专业人才培养目标，对计量与计价能力进行合理分解，分析确定计量与计价能力由建筑工程计价文件应用能力、建筑工程量的计算、建筑工程计量与计价软件应用能力三个专项能力组成及权重。

（2）研究确定各专项能力的定位和标准，包括各专项能力的能力要素组成及权重，能力要素的标准等。

（3）各专项能力的教学设计，包括教学内容的明确、教学资源的完善、教学方法的选择等。

（4）各专项能力的评价体系建立，包括评价标准、评价内容、评价方法、评价项目等。

（5）汇总构建计量与计价的评价体系。

（二）能力评价标准

深入建筑企业广泛调研，了解企业对施工员岗位群的职业能力需求，分析建筑工程计价文件应用能力、建筑工程量的计算、建筑工程计量与计价软件应用能力三个专项能力的能力定位。在此基础上，根据教育教学规律并结合学院教学实际情况，确定三个专项能力所包含的各能力要素及权重，并针对每个能力要素，确定能力要素的评价标准，见表5-27。

计量与计价能力评价标准　　　　　　　　　　表 5-27

综合能力	评价等级	专项能力	权重	评价分数（百分制）	能 力 要 素	权重	评价分数（百分制）
建筑工程计量与计价能力	优、良、合格、不合格	建筑工程计价文件应用能力	0.30	100	建筑工程预算定额应用能力	0.55	55
					工程量清单计价规范应用能力	0.30	30
					费用定额应用能力	0.15	15
		建筑工程量的计算	0.50	100	土建工程量计算	0.50	50
					钢筋工程量计算	0.25	25
					装饰装修工程量计算	0.25	25
		建筑工程计量与计价软件应用能力	0.20	100	建筑工程计价软件的应用能力	0.50	50
					图形算量软件的应用能力	0.20	20
					钢筋工程量计算软件的应用能力	0.30	30

（三）能力评价细则

能力评价细则是能力评价体系能够施行的准则。根据能力评价标准确定的各项能力要素，确定其权重、能力标准、考核项目、评分标准、评价方法。特别是考核项目，一定要切实可行，具有较强的可操作性，见表5-28。

计量与计价能力评价细则 表 5-28

专项能力	单项能力	能力目标	考核项目（工作任务）	评价标准	评价方法与评价人
建筑工程计价依据应用能力（0.30）	建筑工程预算定额应用能力（55分）	会正确套用预算定额，确定分项工程或者结构构件的预算价格，编制预算书	给出某一个具体工程的施工图纸，要求小组通过配合协作，能进行工程定额列项	列项完整：20分；较完整：16分；一般：12分	学生自评/小组互评/教师评价
			给出某一个具体工程的施工图纸，要求小组通过配合协作，在规定的时间内计算完成分项工程或者结构构件的预算价格，完成定额换算工作	计算正确：20分；较正确：16分；一般：12分	学生自评/小组互评/教师评价
			给出某一个具体工程的施工图纸，要求小组通过配合协作，计算完成分部分项工程的人工费、材料费、机械费等	计算正确：15分；较正确：12分；一般：9分	学生自评/小组互评/教师评价
	工程量清单计价规范应用能力（30分）	熟悉清单计价规范，能编制工程量清单、能进行清单计价或综合单价计算	给出某一个具体工程的施工图纸，要求小组通过配合协作，能进行清单项目列项	列项完整：15分；较完整：12分；一般：9分	学生自评/小组互评/教师评价
			给出某一个具体工程的施工图纸，要求小组通过配合协作，能进行清单项目特征的描述	描述全面：5分；较全面：4分；一般：3分	学生自评/小组互评/教师评价
			给出某一个具体工程，以小组为单位，计算分项工程或者结构构件的综合单价	计算正确：10分；较正确：8分；一般：6分	学生自评/小组互评/教师评价
	费用定额应用能力（15分）	熟悉费用定额，掌握计价程序及费率选用	能正确利用费用定额取费	计算正确：5分；较正确：4分；一般：3分	采取闭卷考试，由教师根据学生递交的成果百分制打分
			给定一个案例，结合建筑工程费用计算方法和计价程序进行工程造价的计算	计算正确：10分；较正确：8分；一般：6分	
建筑工程量的计算能力（0.50）	土建工程量计算能力（50分）	会列项，能根据工程量计算规则，正确计算建筑工程工程量	给出某一个具体工程的施工图纸，要求小组通过配合协作，在规定的时间内计算完成分项工程或者结构构件的工程量计算。编制规范的工程量计算表格，要求学生编制规范的工程量清单	选用准确：35分；较准确：28分；一般：21分	学生自评/小组互评/教师评价
			能进行人工、材料、机械台班量的计算及换算	计算正确：15分；较正确：12分；一般：9分	学生自评/小组互评/教师评价

续表

专项能力	单项能力	能力目标	考核项目（工作任务）		评价标准	评价方法与评价人
建筑工程量的计算能力（0.50）	钢筋工程量计算能力（25分）	会列项，能根据工程量计算规则，正确计算钢筋工程工程量	给出某一个具体工程的施工图纸，要求小组通过配合协作，在规定的时间内计算基础钢筋工程量，编制规范的工程量计算表格，要求学生编制规范的工程量清单		计算正确：5分；较正确：4分；一般：3分	学生自评/小组互评/教师评价
			给出某一个具体工程的施工图纸，要求小组通过配合协作，在规定的时间内计算柱、梁、板钢筋工程量，编制规范的工程量计算表格，要求学生编制规范的工程量清单		计算正确：15分；较正确：12分；一般：9分	学生自评/小组互评/教师评价
			给出某一个具体工程的施工图纸，要求小组通过配合协作，在规定的时间内计算楼梯、阳台、雨篷等附属构件钢筋工程量，编制规范的工程量计算表格，要求学生编制规范的工程量清单		计算正确：5分；较正确：4分；一般：3分	学生自评/小组互评/教师评价
	装饰装修工程量计算能力（25分）	会列项，能根据工程量计算规则，正确计算装饰装修工程工程量	给出某一个具体工程的施工图纸，要求小组通过配合协作，在规定的时间内计算完成分项工程或者结构构件的工程量计算。编制规范的工程量计算表格，要求学生编制规范的工程量清单		计算正确：15分；较正确：12分；一般：9分	学生自评/小组互评/教师评价
			能进行人工、材料、机械台班量的计算及换算		计算正确：10分；较正确：8分；一般：6分	学生自评/小组互评/教师评价
建筑工程计量与计价软件应用能力（0.20）	建筑工程计价软件的应用能力（50分）	能掌握应用某一种计价软件	建筑工程工料法预算软件应用	给出某一个具体工程，要求学生独立完成单位建筑工程施工图预算	编写正确：30分；较准确：24分；一般：18分	上机操作/教师评价
			建筑工程清单法预算软件应用	给出某一个具体工程，要求学生独立完成单位建筑工程工程量清单计价文件	编写正确：20分；较准确：16分；一般：12分	上机操作/教师评价
	图形算量软件的应用能力（20分）	能熟悉某一种图形算量软件的原理及界面、通用功能、构件类型说明及画法	给出某一个具体工程的CAD图纸，会导入或绘制图纸，计算梁、板、柱等主要构件的工程量		编写正确：20分；较准确：16分；一般：12分	上机操作/教师评价

续表

专项能力	单项能力	能力目标	考核项目 （工作任务）	评价标准	评价方法 与评价人
建筑工程计量与计价软件应用能力（0.20）	钢筋工程量计算软件的应用能力（30分）	能熟悉某一种钢筋算量软件的计算思路及界面、通用功能、构件类型说明及输入方式	给出某一个具体工程的 CAD 图纸，能导入图纸，计算梁、板、柱等主要构件的钢筋工程量	编写正确：30 分； 较准确：24 分； 一般：18 分	上机操作/教师评价

三、计量与计价能力的考核评价方法

1. 评价方法的选择

为了更好地评价学生的计量与计价能力，同时促进学生对于将来工作的适应能力，因此以实际成果作为学生的能力评价依据。在评价方法上主要采用笔试、答辩、小组互评、机考等方式进行。

2. 评价项目（工作任务）的选择

根据施工员岗位群实际工作内容，依据单项能力确定的评价标准，科学合理地选择具有典型性和代表性的工作内容，结合学校教育教学实际设置评价项目。

3. 评价过程与实施说明

在评价实施中，坚持评价结果与评价过程相结合，要考虑评价对调动学生积极性的作用问题。评价过程中不仅要关注学生学会什么，更要强调学生是怎样学会的，从而培养学生的专业兴趣和良好的职业修养，使他们的学习能力、应用能力得到持续的发展。评价实施中应重视"参与广度"、"参与深度"、"评价结果认可度"和"学生自我反思"。

4. 考核人员的选择

在计量与计价能力的考核中，参与考核的人员主要为授课教师，学生既作为考核对象，同时在互评环节中也作为考核者参与，要充分发挥学生的主动性和积极性。此外在条件允许的情况下，也可以邀请企业技术人员作为答辩教师参与考核，同时要强调笔试的严格纪律。

四、计量与计价能力的考核评价实例

（一）建筑工程计价文件应用能力考核项目范例

1. 项目名称

建筑工程计价依据应用能力考核

2. 项目概述

根据提供的背景资料，在规定时间内按计价程序计算工程造价的计算。

序号	任 务
1	给出某一个具体工程的施工图纸，要求小组通过配合协作，能进行工程定额列项
2	给出某一个具体工程的施工图纸，要求小组通过配合协作，在规定的时间内计算完成分项工程或者结构构件的预算价格，完成定额换算工作
3	给出某一个具体工程的施工图纸，要求小组通过配合协作，计算完成分部分项工程的人工费、材料费、机械费等

续表

序号	任务
4	给出某一个具体工程的施工图纸，要求小组通过配合协作，能进行清单项目列项
5	给出某一个具体工程的施工图纸，要求小组通过配合协作，能进行清单项目特征的描述
6	给出某一个具体工程，以小组为单位，计算分项工程或者结构构件的综合单价
7	能正确利用费用定额取费
8	给定一个案例，结合建筑工程费用计算方法和计价程序进行工程造价的计算

3. 具体要求

（1）由教师提供相应表格，参考当地预算定额、工程量清单计价规范进行。

（2）时间要求：利用课余时间，大约需要 3～4 小时。

4. 相关说明

学生在规定时间段内合作完成，上交纸质成果，由教师结合成果评价。

5. 实施指导

（1）教师提供背景资料：多层框架结构办公楼或者宿舍楼建筑施工图、结构施工图。

（2）学生操作要求：

建筑工程预算书　　　　表 1

序号	定额编号	分部分项工程名称	定额计量单位	数量	单价	合价（元）	其中			
							人工单价（元）	人工合价（元）	机械单价（元）	机械合价（元）

注：表 1 中数量一栏可以先由教师假定一个具体数据。

分部分项工程量清单　　　　表 2

工程名称：某工程　　　　　　　　　　　　　　　　　　第　页　共　页

序号	项目编码	项目名称	计量单位	工程数量

分部分项工程量清单综合单价计算表　　　　表 3

工程名称：　　　　　　　　　　　　　　　　　　　　　计量单位：

项目编码：　　　　　　　　　　　　　　　　　　　　　工程数量：

项目名称：　　　　　　　　　　　　　　　　　　　　　综合单价：

序号	定额编号	工程内容	单位	数量	其中						小计
					人工费	材料费	机械使用费	管理费	利润	风险费用	
		合计									

工料单价法计价的工程费用计算程序

（人工费加机械费为计算技术的工程费用计算程序表）　　　**表 4**

序号	费用项目	计 算 式
一	预算定额分部分项工程费	
	1. 人工费＋机械费	Σ（定额人工费×定额机械费）
二	施工组织措施费	
	2. 安全文明施工费	
	3. 检验试验费	
	4. 冬雨期施工增加费	
	5. 夜间施工增加费	
	6. 已完工程及设备保护费	1×相应费率
	7. 二次搬运费	
	8. 行车行人干扰费	
	9. 提前竣工增加费	
	10. 其他施工组织措施费	
三	企业管理费	1×相应费率
四	利润	
五	规费	11＋12＋13
	11. 排污费、社保费、公积金	1×相应费率
	12. 民工工伤保险费	按各市有关规定计算
	13. 危险作业意外伤害保险	
六	承包服务费	（14＋16）或（15＋16）
	14. 承包管理和协调费	分包工程造价×相应费率
	15. 承包管理、协调费和服务费	
	16. 甲供材料、设备管理服务费	甲供材料、设备费×费率
七	风险费	（一＋二＋三＋四＋五＋六）×相应费率
八	暂列金额	（一＋二＋三＋四＋五＋六＋七）×相应费率
九	税金	（一＋二＋三＋四＋五＋六＋七＋八）×相应费率
十	建设工程造价	一＋二＋三＋四＋五＋六＋七＋八＋九

工程量清单计价程序表

（人工费加机械费为计算技术的工程费用计算程序表）　　　**表 5**

序号	费 用 项 目	计 算 式
一	工程量清单分部分项工程费	Σ（分部分项工程量×综合单价）
	1. 人工费＋机械费	Σ分部分项（人工费＋机械费）
二	措施项目清单费	

续表

序号	费用项目		计算式
	（一）施工技术措施项目清单费		按综合单价
	2.人工费＋机械费		Σ措施项目（人工费＋机械费）
	（二）施工组织措施项目清单费		按项计算
	其中	3.安全文明施工费	（1＋2）×相应费率
		4.检验试验费	
		5.冬雨期施工增加费	
		6.夜间施工增加费	
		7.已完工程及设备保护费	
		8.二次搬运费	
		9.行车行人干扰费	
		10.提前竣工增加费	
		11.其他施工组织措施费	按相应规定计算
三	其他项目清单费		按清单计价要求计算
四	规费		12＋13＋14
	12.排污费、社保费、公积金		（1＋2）×相应费率
	13.民工工伤保险费		按各市有关规定计算
	14.危险作业意外伤害保险		
五	税金		（一＋二＋三＋四）×相应费率
六	建设工程造价		一＋二＋三＋四＋五

×××班级建筑工程计价依据应用能力专项能力评价汇总表 表6

评价人：_____

学号	姓名	建筑工程预算定额应用能力	工程量清单计价规范应用能力	费用定额应用能力	合计得分（百分制）
		权重0.55	权重0.30	权重0.15	
01	…				
02	…				
03	…				
…	…				

（二）建筑工程量的计算能力考核项目范例

1.项目名称

建筑工程量的计算能力考核

2.项目概述

多层框架结构办公楼或者宿舍楼建筑施工图、结构施工图，在规定时间内完成工程量计算。

序号	任　　务
1	给某一个具体工程的施工图纸，要求小组通过配合协作，手工完成指定内容的工程量计算，形成计算书

3. 具体要求

（1）工程量计算书要求。

（2）时间要求：利用课余时间，大约 6 周后交成果。

4. 相关说明

学生在规定时间内协作完成，同一组学生可以选择不同的楼层进行计算，最终能通过协作完成整个项目工程量的计算。钢筋工程量的计算仅抽一个楼层计算即可。

5. 实施指导

（1）教师提供背景资料：多层框架结构办公楼或者宿舍楼建筑施工图、结构施工图。

（2）学生操作要求：

工程量计算书　　　　　　　　　　　　　**表 1**

单位工程：　　　　　　　　　　　　　　　　　　　第　　页

序号	分部分项工程名称	单位	数量	计算式
1				
2				

钢筋长度计算表　　　　　　　　　　　　　**表 2**

钢筋编号	直径（mm）	钢筋外皮轮廓长度（m）	根数	小计（m）
1				
2				

钢筋汇总计算表　　　　　　　　　　　　　**表 3**

直径（mm）	长度	质量（kg）	合计（kg）

×××班级建筑工程量的计算能力专项能力评价汇总表　　　　　**表 4**

评价人：＿＿＿＿＿

学号	姓名	土建工程量计算	钢筋工程量计算	装饰装修工程量计算	合计得分
		权重 0.50	权重 0.25	权重 0.25	（百分制）
01	…				
02	…				
03	…				
…	…				

（三）建筑工程计量与计价软件应用能力考核项目范例

1. 项目名称

建筑工程计量与计价软件应用能力考核

2．项目概述

依据某工程项目的 CAD 图纸以及手算成果，完成软件套价、部分软件算量。

3．具体要求

（1）软件要求：品茗胜算或者鲁班等软件。

（2）时间要求：2 天。

4．相关说明

考生在规定时间内独立完成，采用软件套价、算量。打印出计算过程，由教师评价。

5．实施指导（以数据处理能力为例）

（1）教师提供背景资料。多层框架结构办公楼或者宿舍楼建筑施工图、结构施工图的电子版 CAD 图。

（2）学生操作要求：

表1

序号	项目名称	每组人数	内容	备注
1	列清单，计算工程量	4～5 人	（1）分部分项工程计量 （2）措施项目工程计量 （3）其他项目工程计量	建议与手算成果比较，找出差异，分析原因
2	编制工程量清单		清单编制	
3	编制分部分项工程量清单报价表		（1）确定清单子目 （2）清单子目计量 （3）查定额算综合单价 （4）上机组价	
4	成果输出，装订成册		成果输出	

×××班级建筑工程计量与计价软件应用能力专项能力评价汇总表　　　表2

评价人：_____

学号	姓名	建筑工程计价软件的应用能力 权重 0.50	图形算量软件的应用能力 权重 0.20	钢筋工程量计算软件的应用能力 权重 0.30	合计得分 （百分制）
01	…				
02	…				
03	…				
…	…				

×××班级建筑工程计量与计价能力评价汇总表　　　表3

评价人：_____

学号	姓名	建筑工程计价依据应用能力 权重 0.3	建筑工程量的计算能力 权重 0.5	建筑工程计量与计价软件应用能力 权重 0.2	合计得分 （百分制）
01	…				
02	…				
03	…				
…	…				

第五节　施工定位放样能力

一、施工定位放样能力的定位和分解

（一）分析依据

建筑施工测量能力是建筑施工技术人员的基础能力之一，要求熟悉建筑工程各个阶段建筑施工测量的内容、方法、程序和技术标准，掌握常用测量仪器的操作并熟悉对应的各种基础知识，能完成地形图、竣工图测绘并掌握地形图的工程应用，能进行建筑物定位放线、轴线投测和高程传递，能根据工程进展及需要进行变形观测。

（二）能力分解

将专业核心职业能力分解成基本职业能力、专项能力和能力要素三个层次，以基本职业能力为单位，将每项基本职业能力进行能力分解，见表 5-29。

施工定位放样能力分解　　　　　　　　　　表 5-29

职 业 能 力		专 项 能 力		单 项 能 力
A3.2	施工定位放样能力	A3.2.1	平面定位放样能力	直角坐标放样平面点位能力
				极坐标放样平面点位能力
				建筑物定位应用能力
		A3.2.2	高程测设能力	设计高程测设
				设计水平面测设

（三）能力定位

见表 5-30。

施工定位放样能力定位　　　　　　　　　　表 5-30

职业能力		专项能力		单项能力	能力定位
A3.2	施工定位放样能力	A3.2.1	平面定位放样能力	直角坐标放样平面点位能力	能正确使用直角坐标放样平面点位
				极坐标放样平面点位能力	能正确使用极坐标放样平面点位
				建筑物定位应用能力	能正确进行建筑定位
		A3.2.2	高程测设能力	设计高程测设	能正确测设设计高程
				设计水平面测设	能正确放样设计水平面

二、施工定位放样能力的考核评价体系

（一）体系构建思路

专业能力是解决专业技术问题的能力，建筑施工测量能力是建筑工程技术专业能力之一，是解决建筑工程各个阶段对应的建筑工程测量问题的能力。因此该能力评价体系的确定主要从以下几方面考虑。

面向工作岗位确定专项能力。建筑施工测量分布于建筑工程的各个阶段。勘测设计阶段需要地形图测绘、场地平整、利用地形图进行辅助设计计算等工作；施工阶段需要对深基坑开挖造成的建筑物及坑壁变形进行观测，进行基坑深度控制、抄平、基础定位放线、模板抄平、轴线投测、高程传递等工作，对于隐蔽工程需及时进行竣工图测绘。工程进入竣工阶段需要进行竣工测量、完成建筑物变形观测等，建筑物进入运营阶段也需要进行变形监测工作。建筑施工测量能力作为建筑工程技术专业学生的培养能力，一定要能解决上述各个阶段对应的问题。所以专项能力和单项能力的确定，从工作岗位需求中提取。

结合课程特点确定评价项目和方式。建筑工程测量是一门实践性非常强的课程，有理论有实践，最终要能完成具体的施工测量任务。因此，将每一个单项能力对应一个具体项目，根据完成项目的情况评价学生掌握程度。

将行业技术标准作为达标标准。将行业的技术标准作为评价的技术达标标准，达不到视为不合格。

参考行业工种的熟练程度评价指标。参考劳动局中级测量放线工的考核标准，根据各学校多年的教学实践，并进行企业调研汇集多方意见。确定评价学生熟练程度，掌握情况的等级指标。

师生共同参与评价过程。建筑工程测量考核项目大多是集体项目，虽然以被考核者为主，但大家的合作对课程评价有直接影响。况且考核是过程考核和结果考核相结合的评价过程，因此师生共同参与评价。

可行性与真实性。评价体系的可行性和评价结果的真实性是两个非常重要的指标。因此在评价项目设计时需要反复琢磨。

（二）能力评价标准（表5-31）

技术标准。建筑工程测量所有的技术标准均采用行业技术规范，即所测结果应满足的技术要求（比如精度标准）一律按工程测量规范或城市测量规范执行。

操作标准。建筑工程测量所有的操作标准均按工程测量规范或城市测量规范执行。严格执行规范中的操作规程、操作步骤。保证测量过程的规范、完备。

熟练程度标准。熟练程度标准参考中级测量放线工的要求，总结课题参与学校的教学经验，结合企业调研结果，对每一个考核项目确定操作的时间标准。

记录计算标准。依据记录计算的整洁程度和正确程度评分。

职业素质标准。要求爱护仪器设备、文明作业、安全意识强，否则扣分。

施工定位放样能力评价标准　　　　表5-31

职业能力		专项能力		权重	能力要素	总分	评价等级	
A3.2	施工定位放样能力	A3.2.1	平面定位放样能力	0.60	直角坐标放样平面点位能力	100	优秀	90～100
					极坐标放样平面点位能力			
					建筑物定位应用能力		良好	75～89
		A3.2.2	高程测设能力	0.40	设计高程测设		合格	60～74
					设计水平面测设			

（三）能力评价细则

能力评价细则是能力评价体系能够施行的准则。根据能力评价标准确定的各项能力要素，确定其权重、能力标准、考核项目、评分标准、评价方法。特别是考核项目，一定要切实可行，具有较强的可操作性，见表 5-32、表 5-33。

施工定位放样能力评价细则　　　　　　　　　　表 5-32

专项能力	总分	能力要素	权重	能力标准	考核项目	评分标准	评价方法
A3.2.1 平面定位放样应用能力	100	直角坐标放样平面点位能力	0.25	能正确使用直角坐标放样平面点位	仪器使用与操作	仪器使用与操作正确得分，不正确不扣分，满分为 5 分	操作
					放样元素计算	放样元素计算正确得分，不正确不扣分，满分为 5 分	操作
					测设	测设正确得分，不正确不扣分，满分为 5 分	操作
					校核	校核正确得分，不正确不扣分，满分为 5 分	操作
					测设精度	测设精度正确得分，不正确不扣分，满分为 5 分	操作
		极坐标放样平面点位能力	0.25	能正确使用极坐标放样平面点位	仪器使用与操作	仪器使用与操作正确得分，不正确不扣分，满分为 5 分	操作
					放样元素计算	放样元素计算正确得分，不正确不扣分，满分为 5 分	操作
					测设	测设正确得分，不正确不扣分，满分为 5 分	操作
					校核	校核正确得分，不正确不扣分，满分为 5 分	操作
					测设精度	测设精度正确得分，不正确不扣分，满分为 5 分	操作
		全站仪定位放样建筑物应用能力	0.50	能正确进行建筑定位	仪器使用与操作	仪器使用与操作正确得分，不正确不扣分，满分为 10 分	操作
					放样元素计算	放样元素计算正确得分，不正确不扣分，满分为 10 分	操作
					测设	测设正确得分，不正确不扣分，满分为 10 分	操作
					校核	校核正确得分，不正确不扣分，满分为 10 分	操作
					测设精度	测设精度正确得分，不正确不扣分，满分为 10 分	操作

高程能力评价细则 表 5-33

专项能力	总分	能力要素	权重	能力标准	考核项目	评分标准	评价方法
A3.2.2 高程测设应用能力	100	设计高程测设	0.5	能正确测设设计高程	仪器使用与操作	仪器使用与操作正确得分，不正确不扣分，满分为10分	操作
					放样元素计算	放样元素计算正确得分，不正确不扣分，满分为10分	操作
					测设	测设正确得分，不正确不扣分，满分为10分	操作
					校核	校核正确得分，不正确不扣分，满分为10分	操作
					测设精度	测设精度正确得分，不正确不扣分，满分为10分	操作
		设计水平面测设	0.5	能正确放样设计水平面	仪器使用与操作	仪器使用与操作正确得分，不正确不扣分，满分为10分	操作
					放样元素计算	放样元素计算正确得分，不正确不扣分，满分为10分	操作
					测设	测设正确得分，不正确不扣分，满分为10分	操作
					校核	校核正确得分，不正确不扣分，满分为10分	操作
					测设精度	测设精度正确得分，不正确不扣分，满分为10分	操作

三、施工定位放样能力的考核评价方法

（一）评价内容选择

根据建筑施工测量系统的组成，以教学与实际相统一的原则，施工员在施工测量方面的能力主要要求如下：

①仪器操作使用能力（含水准仪、经纬仪、全站仪）；

②地形图应用能力；

③施工放样能力（含施工定位与放样能力、垂直度测量能力）；

④变形观测能力（沉降观测能力）。

水准仪、经纬仪、全站仪等仪器操作使用能力可以在施工放样能力（含施工定位与放样能力、垂直度测量能力）、变形观测能力（沉降观测能力）中体现，将该项考核省略。因此，能力考核只有后三项。

（二）评价方法的选择

考评方式：笔试与测量仪器操作相结合的方式进行。

考评员构成及要求：考评员由测量教研室教师担任。

考评场所：室外和室内。

考核等级：

优秀：90～100 分；

良好：80～89 分；

中等：70～79 分；

及格：60～69 分；

不及格：60 分以下。

（三）评价项目（工作任务）的选择

综合性。建筑工程测量的评价项目就是一个具体的工作任务，该任务应综合多方面的考核内容。比如"闭合水准测量"项目，既考核了水准仪的使用，又考核了水准测量的记录计算。既考核了水准测量操作的规范程度，又考核解决高程问题的能力。既考核了操作的熟练程度，又考核了爱护设备、文明作业以及安全意识等职业素养。

代表性。选择的考核项目是考核工作的载体，所以该项目是相同或相似项目中有代表性的项目，是基础的、突出的、重点的项目。比如"测回法测水平角"项目，如果被考核者掌握了经纬仪测回法测量水平角的方法，方向法测量水平角和竖直角测量自然就融会贯通了。

真实性。真实性应体现两个方面，首先选择的考核项目是真实情境下的项目，其次要能保证考核结果的真实性，从而维护评价的真实性和严肃性。

效用性。效用性应体现两个方面，一方面是考核评价的效用，另一方面是给课程学习的标准效用和促动效用。

可行性。作为考核的项目，应在有限的时间内完成。考核过程可跟踪、可控制。

准确性。作为考核项目，应能准确地反映被考核者的掌握程度和水平。同时也准确地反馈课程教学存在的问题。

四、施工定位放样能力的考核评价实例

（一）能力目标

能根据现场和仪器工具条件选择适宜的建筑物定位放线方法，能在辅助人员的配合下现场完成建筑物定位放线工作。

（二）考核项目（工作任务）

根据已有建筑物和定位放样条件，以个人为单位，用全站仪在现场测设一个四点矩形建筑物地面定点放线工作，标定在地面上，并做必要的校核工作。

（三）考核环境

场地和仪器工具准备：

选一较为宽阔的场地，每人根据现场条件和给定已知数据，由另外两位同学配合，利用全站仪完成一个四点矩形房屋定位放线任务。

全站仪一套，红蓝铅笔一支，木桩若干，铁锤一把。

（四）考核时间

一个人的操作需要在 30 分钟内完成。

（五）评价方法

以三人为一组进行考核，一人为主，利用全站仪进行建筑物定位放线操作，另外一人立镜，一人定点，配合操作者完成作业。检核满足规范要求，根据所用时间、仪器的操作熟练程度、三人的配合默契程度、标志点位精度等综合评定成绩。

（六）评价标准及评价记录表

（全站仪）建筑物定位放线能力评价考核记录

班级：_____ 组别：第_____组 考核教师：_____

控制点：_____ 日期：_____ 仪器_____

观测员（考核者）：_____ 配合操作员：_____

考核项目	考核指标	配分	评分标准及要求	得分	备注
建筑物定位放线	1. 方法正确、步骤合理	10	根据现场和仪器工具条件选择适宜的建筑物定位放线方法，操作步骤合理规范，否则按具体情况扣分		
	2. 全站仪安置的精度和熟练程度	10	对中误差不超过 1mm，整平误差不超过一格，安置熟练，两人配合默契。否则，根据情况扣分		
	3. x 坐标较差	15	精度要求≤5mm，1 点超限扣 5 分，两点以上超限不得分		
	4. y 坐标较差	15	精度要求≤5mm，1 点超限扣 5 分，两点以上超限不得分		
	5. 时间	20	小于 15 分钟记 20 分；15～20 分钟记 15 分；20～25 分钟记 10 分；25～30 分钟记 5 分；30 分钟以上记 0 分		
	6. 协作者得分	10	配合默契，动作正确规范，点位标志清晰		
	7. 其他能力：学习、沟通、分析问题解决问题的能力等	10	由考核教师根据学生表现酌情给分		
	8. 仪器、设备使用维护是否合理、安全及其他	10	工作态度端正，仪器使用维护到位，文明作业，无不安全事件发生，否则按具体情况扣分		
考核结果与评价	考评评分合计				
	考评综合等级				
	综合评价：				

考评学生用表：

建筑物定位放线考核报告

考核日期：＿＿＿＿＿　姓名：＿＿＿＿＿　成绩：＿＿＿＿＿　考核教师：＿＿＿＿＿

考核题目	建筑物定位放线	
主要仪器及工具		
天气	仪器号码	
测试场地布置草图		
测试主要步骤		
放样成果检核		

（全站仪）建筑物定位放线能力评价考核

1. 已知控制点和放样（待测设）点的略图。

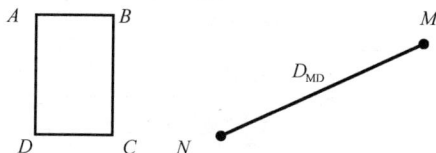

2. 已知控制点和放样（待测设）点数据及边长限差计算。

计算者：　　　　日期：

项目	点名	坐标		相对测站点的坐标增量		四边形的测设水平距离与理论水平距离		备注
		x (m)	y (m)	方位角 α (°′″)	$\dfrac{D'-D}{D}$	观测水平边长 D' (m)	已知（设计）水平边长 D (m)	
导线控制点	M							测站点
	N							定向点
待测设建筑物四大角	A							A—B
	B							B—C
	C							C—D
	D							D—A

3. 四边形内角和；四边形闭合差。

4. 测设后检查

（1）四大角与设计值的偏差为：

$\Delta\angle A=$ 　　　$\Delta\angle B=$ 　　　$\Delta\angle C=$ 　　　$\Delta\angle D=$

（2）四条主轴线边与设计值的偏差为：

$\Delta D_{AB}=$ 　　　　　$\Delta D_{CD}=$

$\Delta D_{AD}=$ 　　　　　$\Delta D_{BC}=$

已知数据：

点名	坐　标	
	x（m）	y（m）
Ⅱ001	3348071.170	528181.559
Ⅱ003	3348071.272	528170.173
Ⅱ004	3348071.688	528163.962
Ⅱ006	3348064.220	528165.197
Ⅱ012	3348050.304	528177.924
Ⅱ014	3348056.323	528181.777
Ⅱ015	3348061.015	528181.104
Ⅱ016	3348065.925	528181.158
Ⅱ017	3348056.361	528178.058
Ⅱ019	3348056.007	528170.190
Ⅱ044	3348076.401	528155.418
Ⅱ045	3348091.728	528152.922
Ⅱ048	3348060.604	528136.864
Ⅱ054	3348027.692	528138.570

点名	放样点位数据	
	坐标 x（m）	坐标 y（m）
第一组已知数据Ⅱ016、Ⅱ015	3348063.950	528174.765
	3348050.870	528182.613
第二组已知数据Ⅱ019、Ⅱ012	3348050.710	528170.455
	3348071.240	528176.075
第三组已知数据Ⅱ044、Ⅱ045	3348091.602	528133.473
	3348012.438	528129.362

第六节　工种操作验收能力

一、工种操作验收能力的定位和分解

（一）分析依据

工种操作验收能力是建筑工程技术专业学生的核心能力之一，同时也是将来从事施工员岗位群所必需的职业能力。根据建筑工程技术专业面向岗位群以及施工员岗位群主要的主要职责、工作任务范围、具体任务、工作流程、工作对象、工作方法、使用工具、劳动组织方式、与其他任务的关系、所需的知识、能力和职业素养等调研结果，同时参考住建部颁发的《建筑与市政工程施工现场专业人员职业标准》JGJ/T 250—2011 的职业能力标准、职业技能以及其确定的专业能力测试体系，对工种操作验收能力进行专项能力的分解和定位。

（二）能力分解

将专业核心职业能力分解成基本职业能力、专项能力和能力要素三个层次，以基本职业能力为单位，将每项基本职业能力进行能力分解，见表 5-34。

工种操作验收能力分解

表 5-34

综合能力	专项能力	能力要素
工种操作验收能力	砌筑工操作验收能力	职业素质
		定位放线
		操作及成果
		机具使用
		操作工效
		文明、安全
		自评、预验收能力
	钢筋工操作验收能力	钢筋下料能力
		钢筋安装能力
		工具使用能力
		安全操作能力
		自评、预验收能力
	抹灰工操作验收能力	职业素质
		灰饼、标筋、护角制作
		砂浆抹灰块料镶贴技能
		工机具使用维护能力
		安全文明作业能力
		工效
		自评、预验收能力
	木工（模板工）操作验收能力	职业素质
		配板设计
		安装模板
		工具设备的使用与维护
		安全操作
		工效
		自评、预验收能力

（三）能力定位

见表 5-35。

工种操作验收能力定位　　　　　　　　　　　　表 5-35

综合能力	专项能力	能　力　要　素	能　力　定　位
工种操作验收能力	砌筑工操作验收能力	职业素质	培养学生职业素质及协作能力
		定位放线	会正确使用仪器，按图放线
		操作及成果	能砌筑合乎标准的墙体或基础
		机具使用	能正确使用机具
		操作工效	有计划按时完成任务
		文明、安全	能文明施工，安全操作
		自评、预验收能力	能准确测评自己的成果
	钢筋工操作验收能力	钢筋下料能力	能翻样，会计算
		钢筋安装能力	会操作，能验收
		工具使用能力	能使用维护仪器
		安全操作能力	能安全文明作业
		自评、预验收能力	能准确测评自己的成果
	抹灰工操作验收能力	职业素质	使学生具备职业基本素质及团队协作
		灰饼、标筋、护角制作	灰饼、标筋、护角制作能力
		砂浆抹灰块料镶贴技能	具备操作和验收能力
		工机具使用维护能力	能正确使用工机具和维护
		安全文明作业能力	能安全文明作业
		工效	完成绩效
		自评、预验收能力	能准确测评自己的成果
	木工（模板工）操作验收能力	职业素质	具备职业基本素质及团队协作能力
		配板设计	具备模板方案编制能力
		安装模板	能安装模板，具备模板验收能力
		工具设备的使用与维护	能正确使用工机具和维护
		安全操作	能安全文明作业
		工效	具备成品保护能力
		自评、预验收能力	能准确测评自己的成果

二、工种操作验收能力的考核评价体系

（一）体系构建思路

（1）围绕《建筑工程技术》专业人才培养目标，对工种操作验收能力进行合理分解，分析确定工种操作验收能力由砌筑工操作验收能力、钢筋工操作验收能力、抹灰工操作验收能力、木工（模板工）操作验收能力四个专项能力组成及权重。

（2）研究确定各专项能力的定位和标准，包括各专项能力的能力要素组成及权重，能力要素的标准等。

（3）各专项能力的教学设计，包括教学内容的明确、教学资源的完善、教学方法的选择等。

（4）各专项能力的评价体系建立，包括评价标准、评价内容、评价方法、评价项

目等。

（5）汇总构建工种操作验收能力的评价体系。

（二）能力评价标准

深入建筑企业广泛调研，了解企业对施工员岗位群的职业能力需求，分析砌筑工操作验收能力、钢筋工操作验收能力、抹灰工操作验收能力、木工（模板工）操作验收能力四个专项能力的能力定位。在此基础上，根据教育教学规律并结合学院教学实际情况，确定三个专项能力所包含的各能力要素及权重，并针对每个能力要素，确定能力要素的评价标准，见表5-36。

工种操作验收能力评价标准 表5-36

综合能力	专项能力	权重	评价分数（百分制）	评价要素	权重	评价分数（百分制）
工种操作验收能力	砌筑工操作验收能力	0.30	100	职业素质	0.10	100
				定位放线	0.05	100
				操作及成果	0.45	100
				工机具使用能力	0.05	100
				操作工效	0.10	100
				安全文明作业	0.10	100
				自评、预验收能力	0.15	100
	钢筋工操作验收能力	0.30	100	钢筋下料	0.15	100
				钢筋安装能力	0.35	100
				工具使用能力	0.10	100
				安全操作能力	0.10	100
				自评、预验收能力	0.30	100
	抹灰工操作验收能力	0.20	100	职业素养	0.10	100
				灰饼、标筋、护角制作	0.10	100
				砂浆抹灰块料镶贴技能	0.40	100
				工机具使用能力	0.05	100
				操作功效	0.10	100
				安全文明作业	0.10	100
				自评、预验收能力	0.15	100
	木工（模板工）操作验收能力	0.20	100	职业素质	0.10	100
				配板设计	0.10	100
				安装模板	0.45	100
				工机具使用能力	0.05	100
				安全文明作业	0.10	100
				操作工效	0.10	100
				自评、预验收能力	0.10	100

（三）能力评价细则

能力评价细则是能力评价体系能够施行的准则。根据能力评价标准确定的各项能力要素，确定其权重、能力标准、考核项目、评分标准、评价方法。特别是考核项目，一定要切实可行，具有较强的可操作性，见表 5-37。

工种操作验收能力评价细则

表 5-37

专项能力	能力要素	能力目标	考核项目	评价标准	评价方法与评价人	其他说明
砌筑工操作能力	职业素质（10分）	培养学生职业素质及协作能力	出勤情况（3分）	迟到或早退一次扣1分；无故缺课该项不得分	考勤/指导教师	扣分到人
			学习积极性（4分）	认真学习，积极操作，优秀得4分；良好得3分；一般得2分	考核/指导教师	
			协作精神（3分）	能主动与同学配合，有团队精神，表现优秀得3分；良好得2分；一般得1分	考核/指导教师	
	定位放线（5分）	会正确使用仪器按图放线	放线方法及结果（5分）	允许偏差10mm；超过10mm每处扣1分；3处以上不得分；有一处超过20mm不得分	考核/指导教师	—
	砌筑操作及成果（45分）	能砌筑合乎标准的墙体或基础	组砌方式（5分）	组砌正确得5分；通缝等每一处扣1分；3处以上通缝不得分	考核/指导教师	—
			垂直度（10分）	超过5mm每处扣1分；3处以上不得分；有一处超过10mm不得分	考核/指导教师	—
			表面平整度（10分）	允许偏差混水墙（清水墙）：8（5）mm；不合格每处扣1分；3处以上不得分，有一处超过15（10）mm不得分	考核/指导教师	—
			水平灰缝平直度（10分）	允许偏差混水墙（清水墙）：10（7）mm；不合格每处扣1分；3处以上不得分；有一处超过20（14）mm不得分	考核/指导教师	—
			水平灰缝厚度（10皮砖计）（5分）	超过8mm每处扣1分；3处以上不得分，有一处超过15mm不得分	考核/指导教师	—
			预留构造柱截面尺寸（5分）	超过10mm每处扣1分，3处以上不得分，马牙槎错误不得分	考核/指导教师	—

续表

专项能力	能力要素	能力目标	考核项目	评价标准	评价方法与评价人	其他说明
木工(模板工)操作验收能力	工效(10分)	具备成品保护能力	按规定时间完成情况（7分）	低于规定时间90%无分；在90%~100%之间的酌情扣分；超过规定时间适当加1~3分	考核/指导教师	—
			成品保护（3分）	成品保护好得3分；一般得2分	考核/指导教师	—
	自评、预验收能力（15分）	能准确测评自己的成果	与教师测评结果符合度（15分）	检测评定熟练正确得13~15分；较好得6~12分；检测或评定有误不得分	考核/指导教师	—

三、工种操作验收能力的考核评价方法

1. 评价方法的选择

本分项能力与实训课程可合二为一，指定专门的实训老师作为评价老师。评价老师跟踪工作过程，并对每位学生的工作成果进行评价得出评价结果。

2. 评价项目（工作任务）的选择

根据施工员岗位群实际工作内容，依据单项能力确定的评价标准，科学合理地选择具有典型性和代表性的工作内容，结合学校教育教学实际设置评价项目。

3. 评价过程与实施说明

在评价实施中，坚持评价结果与评价过程相结合，要考虑评价对调动学生积极性的作用问题。评价过程中不仅要关注学生学会什么，更要强调学生是怎样学会的，从而培养学生的专业兴趣和良好的职业修养，使他们的学习能力、应用能力得到持续的发展。评价实施中应重视"参与广度"、"参与深度"、"评价结果认可度"和"学生自我反思"。

4. 考核人员的选择

在考核中，参与考核的人员主要为授课教师，学生既作为考核对象，同时在互评环节中也作为考核者参与，要充分发挥学生的主动性和积极性。

四、工种操作验收能力的考核评价实例

砌筑工考核案例

（一）任务概述

每小组完成下图所示的墙体施工，其中包括清水墙角、构造柱处留马牙槎、砖柱、洞口、窗洞、圆弧墙等考核内容（详见下图）。用混合砂浆、240mm×115mm×53mm灰砂砌筑，墙高2.50m，墙厚240mm，组砌方法为一顺一丁或梅花丁。

（二）具体要求

1. 每小组5人，自行分工（砌筑、辅助），一段时间后轮换。

2. 操作工艺流程

3. 砌筑任务及规格尺寸：墙体自二层楼面开始放线砌筑；窗台标高为900mm，窗上砌平拱过梁（可选）、门洞安装预制钢筋混凝土。

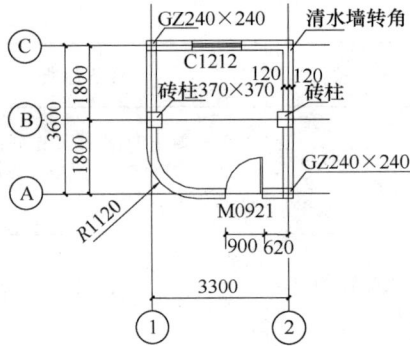

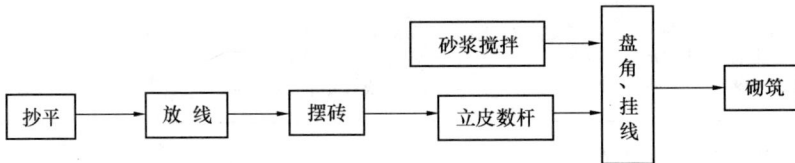

4. 时间要求

项　目	放　线	砌筑（含摆干转、拌砂浆、清场等）	自行检测	教师测评	合计
时间（课时）	2	18	1	(1)	22

（三）考核方式

1. 考核（指导）教师全程监测，随时计分，放线完成和砌筑全部完成分二次具体检测。

2. 考核过程中考核（指导）教师可以采取提问方式询问相关问题。

（四）操作效果

浙江建设职业技术学院已经按与此相近的课题进行了两个学期的实训和考核，考核了25个班级，效果良好。

钢筋工考核案例

（一）考核背景材料

某钢筋混凝土独立基础，配筋如图所示，保护层厚度为25mm，抗震等级三级。涉及的钢筋尺寸全部以外包尺寸为准，箍筋不包括在混凝土保护层内。

（二）考核的方式、时间

实际操作考核采用现场实地操作方式。考核时间为180分钟。

（三）考核的准备要求

1. 材料：$\phi 6$ 线材（长6m）、$\phi 10$ 线材（长6m）若干，扎丝。

2. 工具：钢丝钳、大力剪、5m钢卷尺、钢筋钩、直角尺、铅笔、弹丝盒、小刀等。

（四）考核内容

两人为一组，根据给定的图纸编制钢筋配料单，并加工安装绑扎，下料单写在空白纸上，字迹整洁。要求如下：

1. 钢筋的除锈、平直、下料、切断、弯曲。

2. 各节点全部采用双丝十字扣。

3. 箍筋计算方法按箍筋外包尺寸＋100mm 计算。

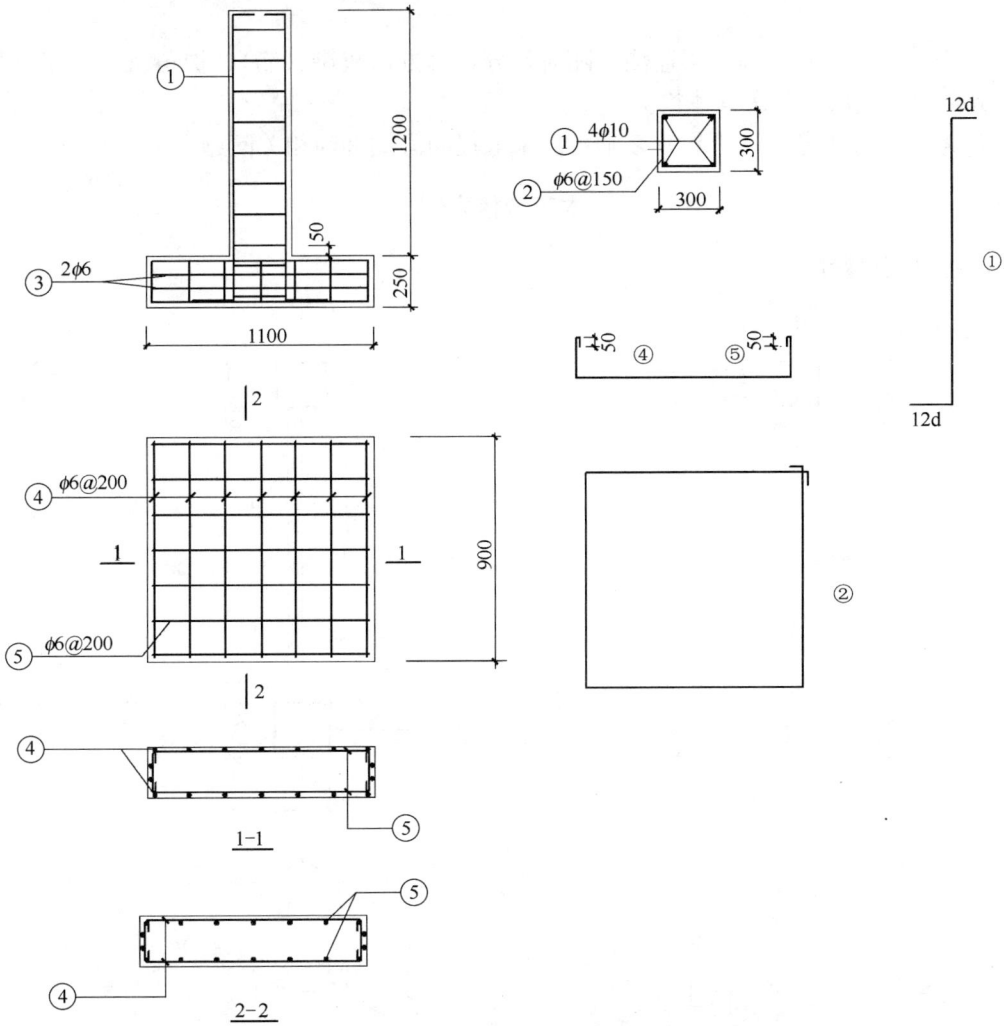

抹灰工考核案例

（一）任务概述

每小组在砌筑课题完成后的墙体上作中级（一底一面）抹灰施工。

（二）具体要求

1. 每小组 5 人，自行分工（抹灰、辅助），轮换操作。

2. 操作流程

基层清理──→浇水湿润──→吊锤子、套方、找规矩、抹灰饼──→抹水泥踢脚或墙裙──→做护角抹水泥窗台──→墙面充筋──→抹底灰──→修补预留孔洞电箱槽、盒等──→抹罩面灰

3. 时间要求

项　目	套方、灰饼（筋）、护角、窗台	抹灰（底、面、清场）	自　检	教师测评	合　计
时间（课时）	4	12	1	（1）	18

（三）考核方式

1. 考核（指导）教师全程监测，随时计分，套方、灰饼（筋）、护角及窗台完成和抹灰任务全部完成后分两次具体检测。

2. 考核过程中考核（指导）教师可以采取提问方式询问相关问题。

木工考核案例

（一）任务概述

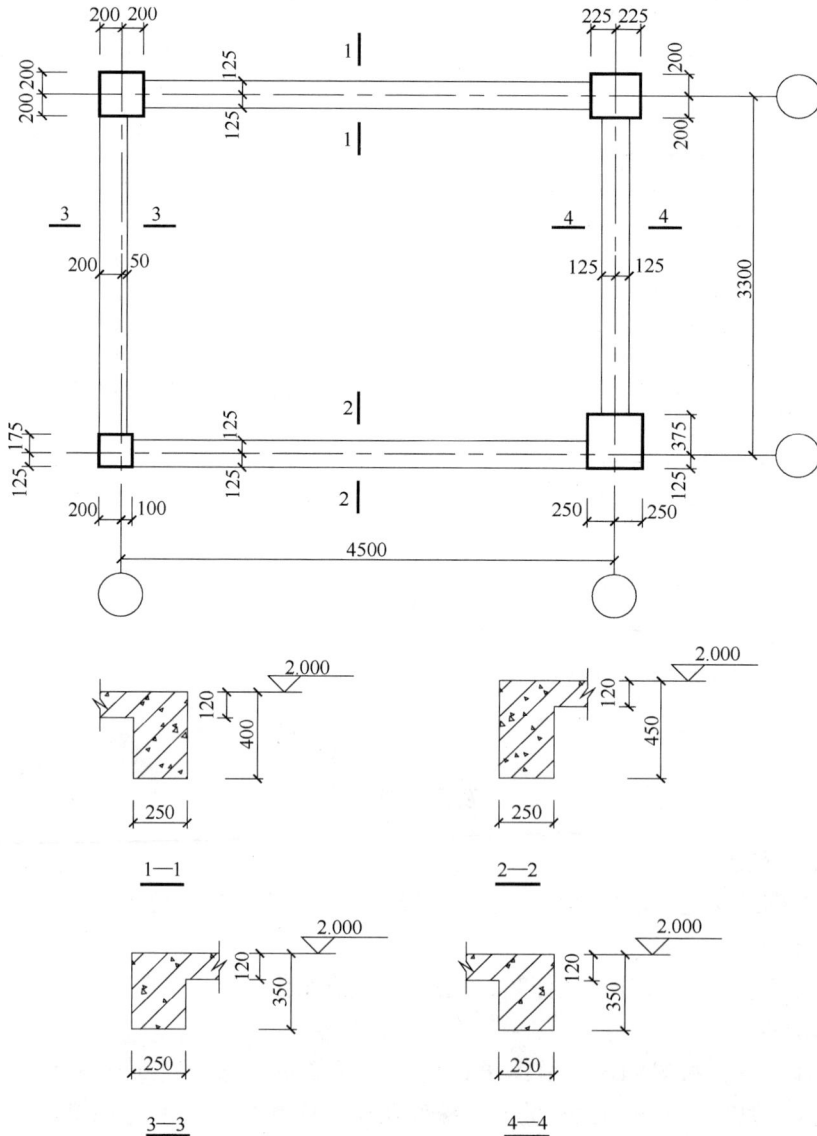

注：采用木模，模板厚度为16mm。

（二）具体要求

1. 每小组 15 人，自行分工。

2. 操作流程

（1）柱模安装流程

搭设脚手架→柱模就位安装→安装柱模→安设支撑→固定柱模→浇筑混凝土→拆除脚手架、模板→清理模板

（2）梁模安装流程

搭设和调平模板支架（包括安装水平拉杆和剪力撑）→按标高铺梁底模板→拉线找直→绑扎梁钢筋→安装垫块→梁两侧模板→调整模板

（3）板模安装流程

"满堂"脚手架→主龙骨→次龙骨→柱头模板龙骨→柱头模板、顶板模板→拼装→顶板内、外墙柱头模板龙骨→模板调整验收→进行下道工序

3. 时间要求

项目	放线	模板制作	自检	教师测评	合计
时间（课时）	2	16	1	1	20

（三）考核方式

1. 考核（指导）教师全程监测，随时计分，放线完成和模板任务全部完成后分两次具体检测。

2. 考核过程中考核（指导）教师可以采取提问方式询问相关问题。

第七节　施工项目组织能力

一、施工项目组织能力的定位和分解

（一）分析依据

能力分解是能力评价体系的第一个环节。通过企业调研，分析建筑业企业的反馈信息，结合行业企业专家和课题组的综合意见，从学生实际出发，将施工项目管理能力首先分解成五项专项能力：工程概况编制能力、施工方案编制能力、施工进度计划编制能力、施工准备工作计划编制能力和施工平面图设计能力。

（二）能力分解

能力标准是能力评价体系的第二个环节，是制定各个专项能力的评价标准。评价标准要涵盖职业能力素质的各个方面，要考核学生的各项能力要素。评价标准包括各专项能力的权重、能力要素、评价等级等，见表 5-38。

施工项目组织能力分解　　　　　表 5-38

职业能力		专项能力		能　力　要　素
A4	施工项目组织能力	A4.1	工程概况编制能力	工程建设、建筑结构设计概况编制能力
				施工条件分析能力

续表

职业能力		专项能力		能 力 要 素
A4	施工项目组织能力	A4.2	施工方案编制能力	分部工程施工程序施工顺序确定能力
				施工方法和施工机械选用能力
				技术组织措施编制能力
		A4.3	施工进度计划编制能力	施工进度计划编制能力
				施工进度计划控制能力
		A4.4	施工准备工作计划编制能力	施工准备工作计划编制能力
				资源需用量计划编制能力
		A4.5	施工平面图设计能力	施工现场平面图设计能力
				施工现场文明施工管理能力

（三）能力定位

见表 5-39。

施工项目组织能力定位　　　　　　　　　　　　　　　　　　表 5-39

职业能力		专 项 能 力		能 力 要 素	能 力 定 位
A4	施工项目组织能力	A4.1	工程概况编制能力	工程建设、建筑结构设计概况编制能力	能编制工程建设概况、建筑设计概况
				施工条件分析能力	能分析施工条件、施工特点
		A4.2	施工方案编制能力	分部工程施工程序施工顺序确定能力	能够确定施工程序和施工顺序
				施工方法和施工机械选用能力	能够选用施工方法和施工机械
				技术组织措施编制能力	能够编制技术组织措施
		A4.3	施工进度计划编制能力	施工进度计划编制能力	能够编制施工进度计划
				施工进度计划控制能力	能够控制施工进度计划
		A4.4	施工准备工作计划编制能力	施工准备工作计划编制能力	能够编制施工准备工作计划
				资源需用量计划编制能力	能够编制资源需用量计划
		A4.5	施工平面图设计能力	施工现场平面图设计能力	能够设计施工现场平面图
				施工现场文明施工管理能力	能够管理施工现场文明施工

二、施工项目组织能力的考核评价体系

（一）体系构建思路

（1）围绕《建筑工程技术》专业人才培养目标，对施工项目组织能力进行合理分解，分析确定施工项目组织能力由工程概况编制能力、施工方案编制能力、施工进度计划编制能力、施工准备工作计划编制能力、施工平面图设计能力五个专项能力个专项能力组成及权重。

（2）研究确定各专项能力的定位和标准，包括各专项能力的能力要素组成及权重，能力要素的标准等。

（3）各专项能力的教学设计，包括教学内容的明确、教学资源的完善、教学方法的选择等。

（4）各专项能力的评价体系建立，包括评价标准、评价内容、评价方法、评价项目等。

（5）汇总构建施工项目组织能力的评价体系。

（二）能力评价标准

深入建筑企业广泛调研，了解企业对施工员岗位群的职业能力需求，分析工程概况编制能力、施工方案编制能力、施工进度计划编制能力、施工准备工作计划编制能力、施工平面图设计能力五个专项能力的能力定位。在此基础上，根据教育教学规律并结合学院教学实际情况，确定五个专项能力所包含的各能力要素及权重，并针对每个能力要素，确定能力要素的评价标准，见表 5-40。

施工项目组织能力评价标准　　　　　　　　　　**表 5-40**

职业能力	专项能力		权重	能力要素	总分	评价等级	
A4 施工项目组织能力	A4.1	工程概况编制能力	0.1	工程建设、建筑结构设计概况编制能力	100	优秀	90～100分
				施工条件分析能力			
	A4.2	施工方案编制能力	0.25	分部工程施工程序、施工顺序确定能力		良好	75～89分
				施工方法和施工机械选用能力			
				技术组织措施编制能力			
	A4.3	施工进度计划编制能力	0.25	施工进度计划编制能力		合格	60～74分
				施工进度计划控制能力			
	A4.4	施工准备工作计划编制能力	0.2	施工准备工作计划编制能力			
				资源需用量计划编制能力			
	A4.5	施工平面图设计能力	0.2	施工现场平面图设计能力		不合格	60分以下
				施工现场文明施工管理能力			

（三）能力评价细则

能力评价细则是能力评价体系的第三个环节，也是能力评价体系能够施行的准则。根据能力评价标准确定的各项能力要素，确定其权重、能力标准、考核项目、评分标准和评价方法。特别是考核项目，一定要切实可行，具有较强的可操作性，见表 5-41～表 5-45。

工程概况编制能力评价细则　　　　　　　　　　**表 5-41**

专项能力	总分	能力要素	权重	能力标准	考核项目	评分标准	评价方法
A4.1 工程概况编制能力	100	工程建设、建筑结构设计概况编制能力	0.6	能编制工程概况、建筑设计概况、结构设计概况	提供给学生一套实际的工程图纸，要求根据工程背景编制工程建设概况	优秀：18～20分 良好：15～17分 合格：12～14分 不合格：12分以下 满分为20分	本分项能力与实训课程可合二为一，指定专门的实训老师作为评价老师。评价老师跟踪工作过程，并对每位学生的工作成果进行批阅，得出评价结果
					提供给学生一套实际的工程图纸，要求根据工程背景编制建筑设计概况	优秀：18～20分 良好：15～17分 合格：12～14分 不合格：12分以下 满分为20分	

续表

专项能力	总分	能力要素	权重	能力标准	考核项目	评分标准	评价方法
A4.1 工程概况编制能力	100	工程建设、建筑结构设计概况编制能力	0.6	能编制工程建设概况、建筑设计概况、结构设计概况	提供给学生一套实际的工程图纸，要求根据工程背景编制结构设计概况	优秀：18~20分 良好：15~17分 合格：12~14分 不合格：12分以下 满分为20分	本分项能力与实训课程可合二为一，指定专门的实训老师作为评价老师。评价老师跟踪工作过程，并对每位学生的工作成果进行批阅，得出评价结果
		施工条件分析能力	0.4	能分析施工条件、施工特点	提供给学生一套实际的工程图纸，要求根据工程背景分析施工条件	优秀：18~20分 良好：15~17分 合格：12~14分 不合格：12分以下 满分为20分	
					提供给学生一套实际的工程图纸，要求根据工程背景分析施工特点	优秀：18~20分 良好：15~17分 合格：12~14分 不合格：12分以下 满分为20分	

施工方案编制能力评价细则　　　　　　　　表 5-42

专项能力	总分	能力要素	权重	能力标准	考核项目	评分标准	评价方法
A4.2 施工方案编制能力	100	分部工程施工程序、施工顺序确定能力	0.3	能够确定施工程序和施工顺序	提供给学生一套实际的工程图纸，要求根据施工图确定施工程序	优秀：14~15分 良好：12~13分 合格：9~11分 不合格：9分以下 满分为15分	本分项能力与实训课程可合二为一，指定专门的实训老师作为评价老师。评价老师跟踪工作过程，并对每位学生的工作成果进行批阅，得出评价结果
					提供给学生一套实际的工程图纸，要求根据施工图确定施工顺序	优秀：14~15分 良好：12~13分 合格：9~11分 不合格：9分以下 满分为15分	
		施工方法和施工机械选用能力	0.4	能够选用施工方法和施工机械	提供给学生一套实际的工程图纸，要求根据施工图选择施工方法	优秀：18~20分 良好：15~17分 合格：12~14分 不合格：12分以下 满分为20分	
					提供给学生一套实际的工程图纸，要求根据施工图选用施工机械	优秀：18~20分 良好：15~17分 合格：12~14分 不合格：12分以下 满分为20分	
		技术组织措施编制能力	0.3	能够编制技术组织措施	提供给学生一套实际的工程图纸，要求根据施工图编制技术组织措施	优秀：27~30分 分良好：23~26分 合格：18~22分 不合格：18分以下 满分为30分	

施工进度计划编制能力评价细则　　　　　　表 5-43

专项能力	总分	能力要素	权重	能力标准	考核项目	评分标准	评价方法
A4.3 施工进度计划案编制能力	100	施工进度计划编制能力	0.7	能够编制施工进度计划	提供一套实际分部分项各施工过程的劳动量，让学生确定流水节拍、流水步距，并绘制横道图和网络图进度计划	优秀：27～30 分 良好：23～26 分 合格：18～22 分 不合格：18 分以下 满分为 30 分	本分项能力与实训课程可合二为一，指定专门的实训老师作为评价老师。评价老师跟踪工作过程，并对每位学生的工作成果进行批阅，得出评价结果
					提供一套实际工程图，要求学生划分施工过程、计算工程量、套定额、计算施工过程的持续时间，编制施工进度计划	优秀：36～40 分 良好：31～35 分 合格：24～30 分 不合格：24 分以下 满分为 40 分	
		施工进度计划控制能力	0.3	能够控制施工进度计划	提供一套实际工程的时标网络施工进度计划和实际进度的检查资料，要求学生把实际进度与计划进度进行比较，确定实际进度的偏差，并调整进度计划，制定施工进度计划控制的措施	优秀：27～30 分 良好：23～26 分 合格：18～22 分 不合格：18 分以下 满分为 30 分	

施工准备工作计划编制能力评价细则　　　　　　表 5-44

专项能力	总分	能力要素	权重	能力标准	考核项目	评分标准	评价方法
A4.4 施工准备工作计划编制能力	100	施工准备工作计划编制能力	0.4	能够编制施工准备工作计划	提供给学生一套实际的工程图纸，要求根据施工准备工作内容、时间、人员，编制施工准备工作计划	优秀：36～40 分 良好：31～35 分 合格：24～30 分 不合格：24 分以下 满分为 40 分	本分项能力与实训课程可合二为一，指定专门的实训老师作为评价老师。评价老师跟踪工作过程，并对每位学生的工作成果进行批阅，得出评价结果
		资源需用量计划编制能力	0.6	能够编制资源需用量计划	提供给学生一套实际的工程图纸，要求根据施工进度计划、施工图预算，编制劳动力需用量计划和进场计划	优秀：18～20 分 良好：15～17 分 合格：12～14 分 不合格：12 分以下 满分为 20 分	
					提供给学生一套实际的工程图纸，要求根据施工进度计划、施工图预算，编制材料、构配件需用量计划和进场计划	优秀：18～20 分 良好：15～17 分 合格：12～14 分 不合格：12 分以下 满分为 20 分	
					提供给学生一套实际的工程图纸，要求根据施工进度计划、施工图预算，编制机械设备需用量计划和进场计划	优秀：18～20 分 良好：15～17 分 合格：12～14 分 不合格：12 分以下 满分为 20 分	

施工平面图设计能力评价细则 表 5-45

专项能力	总分	能力要素	权重	能力标准	考核项目	评分标准	评价方法
A4.5 施工平面图设计能力	100	施工现场平面图设计能力	0.7	能够设计施工现场平面图	提供一套实际工程的总平面图，并给定施工条件，要求学生确定施工平面图的内容和设计方法	优秀：27～30 分 良好：23～26 分 合格：18～22 分 不合格：18 分以下 满分为 30 分	本分项能力与实训课程可合二为一，指定专门的实训老师作为评价老师。评价老师跟踪工作过程，并对每位学生的工作成果进行批阅，得出评价结果
					提供一套实际工程的总平面图，并给定施工条件，要求学生绘制施工现场平面布置图	优秀：36～40 分 良好：31～35 分 合格：24～30 分 不合格：24 分以下 满分为 40 分	
		施工现场文明施工管理能力	0.3	能够管理施工现场文明施工	提供一套实际工程的总平面图，并给定施工条件，要求学生编制施工现场文明施工管理的基本内容和措施	优秀：27～30 分 良好：23～26 分 合格：18～22 分 不合格：18 分以下 满分为 30 分	

三、施工项目组织能力的考核评价方法

1. 评价方法的选择

本分项能力与实训课程可合二为一，指定专门的实训老师作为评价老师。评价老师跟踪工作过程，并对每位学生的工作成果进行批阅，得出评价结果

2. 评价项目（工作任务）的选择

根据施工员岗位群实际工作内容，依据单项能力确定的评价标准，科学合理地选择具有典型性和代表性的工作内容，结合学校教育教学实际设置评价项目。

3. 评价过程与实施说明

在评价实施中，坚持评价结果与评价过程相结合，要考虑评价对调动学生积极性的作用问题。评价过程中不仅要关注学生学会什么，更要强调学生是怎样学会的，从而培养学生的专业兴趣和良好的职业修养，使他们的学习能力、应用能力得到持续的发展。评价实施中应重视"参与广度"、"参与深度"、"评价结果认可度"和"学生自我反思"。

4. 考核人员的选择

在考核中，参与考核的人员主要为授课教师，学生既作为考核对象，同时在互评环节中也作为考核者参与，要充分发挥学生的主动性和积极性。

四、施工项目组织能力的考核评价实例

施工项目组织能力的考核评价一般与实训课程《施工项目管理实务模拟》合二为一，结合起来进行。

（一）实训内容

根据某施工项目的建筑施工图、结构施工图、预算文件、资源条件等有关资料，编制某施工项目的施工组织设计。必须完成以下内容：

1. 编制工程概况

主要包括工程建设概况、建筑设计概况、结构设计概况的编制和进行施工条件、施工特点分析等内容。

2. 选择施工方案

主要包括确定施工程序和施工顺序、选用主要分部分项工程施工方法和施工机械、制定技术组织措施等内容。

3. 编制施工进度计划

主要包括确定分部分项工程名称、计算工程量、套用施工定额、计算劳动量和机械台班量、计算施工过程延续时间、编制施工进度计划、制定施工进度计划控制措施等内容。

4. 编制施工准备工作计划

主要包括根据施工进度计划、预算文件以及原始资料的调查分析、技术准备、施工现场准备、资源准备、季节性施工准备的内容、要求、时间、责任单位、责任人，编制出施工准备工作计划和资源需用量计划。

5. 施工平面图设计

主要包括起重垂直运输机械、搅拌站、加工厂及仓库、临时设施、水电管网的布置及编制施工现场文明施工措施等内容。

（二）实训要求

（1）每位学生必须独立完成实训内容；

（2）每位学生必须按计划完成阶段性实训成果，并随时接受实训指导老师的检查；

（3）每位学生必须参加实训指导老师的讲课和指导，并利用课余时间努力完成实训内容；

（4）图面表达完整、整洁、美观，线型图例表达正确；

（5）实训期间应安排时间参观考察施工现场，收集有关资料，验证实训成果，使实训成果和工程实践相结合；

（6）实训成果必须符合有关工程建设规范、标准的要求；

（7）实训成果必须按规定要求装订成册，封底封面必须采用班级统一用纸装订；

（8）按规定时间提交实训成果，包括纸质打印版和电子版。

（三）实训方式

以实训教学专用周的形式进行，共5周时间，其中校内实训4周，校外实训（参观考察施工现场）1周。

（四）考核评价

1. 考核项目

（1）项目1

包括平时考核和上机考核两部分内容。平时考核主要考核学生在实训期间的平时表现（学习态度、学习方法、实训效果、到课率等），阶段性成果的质量及提交的及时性。上机考核主要对施工任务的承接实务、施工准备工作实务、施工过程管理实务、施工收尾管理实务的基本知识进行考核，安排在实训的最后一周采用上机考核的方式。

（2）项目2

对实训成果的质量进行考核。

2. 考核标准

见表 5-46。

表 5-46

考核项目		主要考核内容	相应分数 分布（分）	合计 （分）	权重分数
项目 1	平时考核	平时表现	25	100	0.3
		阶段性成果的质量及提交的及时性	25		
	上机考核	基本知识	50		
项目 2	实训成果	工程概况	10	100	0.7
		施工方案	25		
		施工进度计划	25		
		施工准备工作计划	20		
		施工平面图	20		

注：上述各项考核内容中若有一项为 0 分者，不予考核评价。

3. 考核评价

实训总评成绩根据项目 1 和项目 2 两方面综合评定。

实训总评成绩＝【项目 1】×0.3＋【项目 2】×0.7

根据实训总评成绩考核评价分为四个等级，90～100 分考核评价等级为优秀，75～89 分考核评价等级为良好，60～74 分考核评价等级为合格，60 分以下考核评价等级为不合格。

第六章 前进的方向
——"411"模式职业能力考核评价体系的成效和不足

第一节 成 效

一、弥补了培养方案的评价空白

传统职业能力的考核评价只注重学校评价，忽视了行业和企业的需求和评价。本课题从能力分解和定位时，就注重和强调行业和企业的需求，在广泛进行企业调研的基础上完成了评价手册的制订，弥补了传统培养方案考核评价方式的空白。

二、实现了人才培养的路径闭合

传统的人才培养只注重培养目标和教学要求的制订，但在实际教学过程中，往往忽视了考核评价及评价反馈对教学模式改革的作用，这样的教学方法有始无终，无法真实检验学生的学习效果，无法贴近行业企业培养专业人才。本课题的研究实现了人才培养的目标、要求、实施、评价和反馈的路径闭合，使人才培养过程完整，做到有始有终。

三、创新了建工专业的考核模式

项目组在广泛进行企业调研的基础上，对企业关于建筑工程技术专业学生需掌握的职业能力进行了清晰的分析，能力分解和能力标准定位特别关注用人单位的需求。同时，依据教学实践体系构建的要求，创造性地将教师考核和企业考核、过程考核和结果考核、定量评价和定性评价、笔试考核、上机考试和面试考核等多种考试结合到了一起，全方位对学生的职业能力进行考核，并以此为依托全面规范和标准化了相关教学过程。

四、保证了评价体系的客观公正

本课题依据教学实践构建新型考核评价体系，该能力考核评价体系，突破了传统评价体系的局限，创造性地将教师考核和企业考核、过程考核和结果考核、定量评价和定性评价、笔试考核和面试考核等多种考试结合到了一起，全方位对学生的职业能力进行考核，并以此为依托全面规范和标准化了相关教学过程。

五、促进了教学改革的深化创新

本课题通过建筑工程技术专业职业能力考核评价体系的构建，使评价体系成为高等职业院校人才培养改革的指挥棒。一方面，通过职业能力考核评价体系能积极了解行业及企业对职业能力的标准、对毕业生的要求；另一方面，通过职业能力考核评价体系促进高职院校课程体系构建、教学方法改革、教学手段创新，使人才培养质量得到极大的提高，真正实现了工学结合、校企合作。

六、开发了基于网络的考核系统

在积极引进工程专业软件的基础上，项目组还将结合教学实际积极组织开发相关的现代化教学工具，并发了《施工图识读能力考核系统》、《施工图识读能力训练系统》，通过该系统学生可以自主进行施工图识读的练习、自我测试，同时完成考核评价。

第二节　完　善

项目实施以来，构建了建筑工程技术专业考核评价体系，并将考核体系应用于教学实践，对学院的教学改革、课程建设、专业建设具有明显的推动作用，实施效果良好。不过还是存在一些问题，需要进一步后续改进深化。

一、完善方向

（一）进一步做好企业调研工作

企业调研工作需要进一步做细做深。目前的调研主要集中在企业管理层和项目经理层一级，调研还需要深入到企业技术操作层面一级，以便更好地掌握专业技术人员对于能力评价的要求。同时被调查者在书面调研过程中，有一定的盲目性，导致目标集中性不高，因此需要增加面谈、会议等集中调研形式，更广泛地邀请企业专家参与。企业专家能从企业和实际的角度出发对项目的研究提出建议，同时也能从企业的角度分析存在的问题和偏差。

（二）进一步完善评价操作手册

目前，项目组已完成《建筑工程技术专业能力评价操作手册》初稿的编写工作，该手册已应用于2009级、2010级建筑工程技术专业学生的考核评价操作中，根据实际应用效果，对评价操作手册将做进一步的完善。

（三）进一步推进课程改革实践

试点运行积累了大量的实践经验，下一步将继续推广应用该考核评价体系，并从本质上推进课程改革，一是考核评价标准和方式的改进，对传统的教育模式提出了挑战，教学中的重心必须从教师向学生转换，立足于学生，充分发挥学生在教学过程中的主动性；二是企业对能力的需求与学校能力培养之间的错位，迫切需要提高教师的专业素质，从学校走向企业一线，向双师型方向发展。

二、推广应用

随着我国高等职业教育的不断发展，工学结合、校企合作办学模式的不断深入，各个高等职业院校对考核评价模式改革也越来越重视，也纷纷进行了一些有益的探索和改革，如辽宁林业职业技术学院的就业导向能力主线考核评价模式，北京电子科技职业学院根据生物技术应用等专业的课题任务考核评价模式，潍坊教育学院机电与信息工程系机械电子等专业的"以人为本，发展性评价"课程考核评价模式，青岛职业技术学院文科类和管理类专业的高职教育等级制考核评价模式等。这些考核评价模式都是在高等职业教育长期探索和改革的基础上，依托行业，贴近职业构建起来的，更有利于高职学生学习和掌握专业职业能力，对人才培养质量的提高起到了很大的促进作用。

但是，这些考核评价模式都是专门针对某个专业或某大类专业而构建的，专业针对性很强，其他专业很难学习模仿。目前各高职院校建筑工程技术专业采用的考核评价模式大多仍采用单纯笔试或者笔试加实践考核这类方式，过于强调理论学习，忽略了学生实践能力的培养，导致学生动手能力不强，丧失了其作为一个高职学生的优势。而有些采用"2+1"人才培养模式的高职建筑工程技术专业，因实践时间长，这虽然在一定程度上有利于提高学生的动手能力，但是学生在毕业实践的很长时间内，学到的只是一些最基本的技能，而没有真正地做到顶岗实践，未能受到企业重视和欢迎，同时由于压缩了理论教学，学生在基本知识掌握上也存在问题，因此，"2＋1"模式下的建筑工程技术专业考核评价模式也存在一定的不足和缺陷。

"411"人才培养模式的构建是建设类高职人才培养模式的创新。"411"人才培养模式前4个学期主要进行各课程的理论教学和部分课内试验、课程设计等教学活动，使学生掌握本专业必备的基础理论知识、专业知识和基本技能，第5个学期进行校内综合实践，既保证学生有充足的实践课时，同时因为可控性较强，又能够防止实践流于形式，专业理论与专业技能结合较紧密，在理论指导实践方面有充分的保障，有效弥补了上述其他模式的不足，在教学实施中难度也较小，有一定的推广应用价值。

"411"人才培养模式的内涵为其他专业应用该模式明确了三个基本问题，并指明了方向。第一，催化了专业的寻"岗"行为从而明确了专业定位。第二，为构建实践教学体系清晰地勾勒出其"能力本位"的价值取向，而能力实质上是态度、职业能力（硬能力）、关键能力（软能力）所组成的三元素质结构。第三，指明了专业实践教学手段的选择应以"仿真模拟"与"真实情境实践"为主。"411"人才培养模式将会为建设类各专业学生实践能力的培养提供一个先进的、有效的理念和思路。国内越来越多的院校开始借鉴和采用"411"模式，深圳职业技术学院、金华职业技术学院、上海城市管理学院等院校纷纷来我院考察学习，详细了解"411"模式的实践经验。❶

"411"模式职业能力考核评价体系的构建是建立在"411"人才培养模式基础上的，该考核评价模式在能力分解定位、能力标准设置、考核方式选择、考核结果应用等方面都借鉴了"411"人才培养模式的研究成果，也可以说，"411"模式职业能力考核评价体系是为"411"人才培养模式服务的，是"411"人才培养模式的重要组成和不可分割的一个部分，是"411"人才培养模式的进一步深化和发展。

培养高素质、高质量的服务于地方经济和行业经济的实用型人才是高等职业教育的根本出发点和基本任务要求。浙江省是建筑大省，建筑业是浙江的支柱产业。"411"模式职业能力考核评价体系从我国经济社会发展对职业教育的需求和我省建筑行业高级应用技术人才培养的现实出发，对实现高素质、高技能建设类专门人才的培养目标，增强建设类高职毕业生的职业能力、顶岗能力、实践创新能力和拓宽就业、创业能力，对浙江省经济发展和浙江建筑业的进一步发展有重要意义。浙江建设职业技术学院作为浙江省唯一的一所公办建筑类院校，同时作为国家骨干院校建设单位和浙江省示范性高职院校建设单位，必须站在不仅为浙江、更要为长三角和全国做出更大贡献的历史高度，要有强烈的历史责任感和使命感，率先把"411"模式职业能力考核评价体系推广应用到同类专业。以考核评价体系的构建为契机，不断满足新的历史阶段对建设类高等职业教育提出的新要求，为提升全国建设类高等职业教育的整体水平做出更大、更直接的贡献。

---

❶ 徐公芳."411"人才培养模式的理论与实践. 北京：地震出版社，2006.

附　录

浙江建设职业技术学院
建筑工程系

《建筑工程技术专业》岗位群能力要求
调查表

参加调查人姓名：＿＿＿＿＿＿＿＿＿＿＿＿＿＿＿

被调查单位（盖章）：＿＿＿＿＿＿＿＿＿＿＿＿＿

填表人：＿＿＿＿＿＿职称/职务：＿＿＿＿＿＿

浙江建设职业技术学院建筑工程系
二〇〇九年十月

说　明

浙江建设职业技术学院（前身为浙江省建筑工业学校，属省部级重点中专），是省内唯一公办建设专业类学院，2003年1月迁入萧山高教园区（杭甬高速萧山出口，占地520亩）。在她走过半个世纪的辉煌历程中，为我省建筑行业培养和输送了万余名优秀毕业生，其中相当一部分已经走上省、地（市）、县级建设行业的领导岗位，大部分则已成为企、事业单位的业务骨干，为我省建筑行业作出了巨大贡献。

为最大程度地满足浙江作为建筑大省对建筑管理与技术全面人才的需求，通过长期探索与积累，我系首创了"411"人才培养教学模式。

"411"人才培养模式，是以培养高质量的建设类高等技术应用型人才为目的，以职业能力为支撑，以实际工程项目为载体，以仿真模拟和工程实践为手段，以实现就业，即顶岗为目标的人才培养模式。加强专项能力培养是该模式的基础，实施校内综合模拟实践训练是该模式的核心，实现毕业顶岗是该模式的目标。"411"人才培养模式是循序渐进、环环紧扣、系统完整的人才培养模式。

为了适应新时期建设行业发展的需求，以及教育部对高职教育发展的最新要求，建筑工程系依托已有"411"人才培养模式的基础，开展了《建筑工程技术专业》能力评价体系的研究。该评价体系将根据企业的实际需求，将《建筑工程技术》专业职业能力分解成若干个核心能力和一般能力，并确定每项能力定位和标准，同时根据能力定位和标准，组织教学设计，构建新型能力考核评价体系。该能力评价体系的构建不仅将全面提高能力评价的效果和效率，同时也将促进《建筑工程技术专业》的专业建设和发展水平。

为了提高能力评价体系的实用性和科学性，特开展此次调查，请您在百忙之中，抽空填写您认为在工作中作为施工员等专业技术人员必备的核心能力和一般能力，同时就该能力是否需要单独考核以及考核方式给出你宝贵的意见。

在调查表的最后我们附上了《建筑工程技术专业》现采用的能力结构体系，供您参考。

浙江建设职业技术学院建筑工程系

调查内容：

请将您认为重要的能力填写在相应的位置，请多提宝贵意见。谢谢!

一、核心能力调查

1. 您认为作为施工员必须具备的核心能力（三项）：

序号	能力名称	是否需要单独考核	建议考核方式
1			
2			
3			

2. 您认为作为质检员必须具备的核心能力（三项）：

序号	能力名称	是否需要单独考核	建议考核方式
1			
2			
3			

3. 您认为作为安全员必须具备的核心能力（三项）：

序号	能力名称	是否需要单独考核	建议考核方式
1			
2			
3			

4. 您认为作为资料员必须具备的核心能力（三项）：

序号	能力名称	是否需要单独考核	建议考核方式
1			
2			
3			

二、一般能力调查

1. 您认为作为施工员必须具备的一般能力（五项）：

序号	能力名称	是否需要单独考核	建议考核方式
1			
2			
3			
4			
5			

2. 您认为作为质检员必须具备的一般能力（五项）：

序号	能力名称	是否需要单独考核	建议考核方式
1			
2			
3			
4			
5			

3. 您认为作为安全员必须具备的一般能力（五项）：

序号	能力名称	是否需要单独考核	建议考核方式
1			
2			
3			
4			
5			

4. 您认为作为资料员必须具备的一般能力（五项）：

序号	能力名称	是否需要单独考核	建议考核方式
1			
2			
3			
4			
5			

附：《建筑工程技术专业》现行能力体系表（仅供参考，填表时可自主填写）

能 力 类 型		能 力 项 目
专项能力	工程图纸识读能力	1. 建筑施工图识读与绘制能力 2. 结构施工图识读与绘制能力 3. 设备施工图识读能力
	工程计算分析能力	1. 建筑结构一般计算能力 2. 工程施工结构计算能力 3. 地基基础计算分析能力 4. 建筑工程计价能力
	施工技术应用能力	1. 工程测量能力 2. 建筑材料应用能力 3. 施工工艺、方法、机械选用能力 4. 工种操作验收能力
	工程项目管理能力	1. 施工组织设计编审能力 2. 施工质量管理能力 3. 安全施工管理能力 4. 施工成本管理能力 5. 工程合同管理能力
综合实务能力		1. 土建施工图校审能力 2. 工程项目施工组织与管理能力 3. 高层建筑专项施工方案编制能力 4. 工程资料管理能力
顶岗工作能力		建筑工程项目施工与管理综合能力

参 考 文 献

[1] 徐岩，吕久燕. 构建就业导向能力主线的高职教学考核评价模式——以辽宁林业职业技术学院为例. 辽宁高职学报，2009，7.

[2] 马越，虞未章，谢梅英，徐晶. 高职课程考核评价方法改革的实践与探索，中国职业技术教育. 2006，19.

[3] 赵庆松，刘绪文. 对高职机电类课程考核评价方法的初步探索. 潍坊教育学院学报，2008，3.

[4] 张慧敏. 高职教育等级制考核评价方式探索与实践. 青岛职业技术学院学报，2007，6.

[5] 史彩计. 美国大学通识教育评价的一种方法：课程嵌入式评价法. 黑龙江教育（高教研究与评估），2006，10.

[6] 孔德瑾，姚晓玲. 浅谈美国和加拿大的教学模式、考核及方法. 山西财政税务专科学校学报，2007，6.

[7] 张继明. 英国 NVQS 制度以及对我国职业教育考核的启示. 河北大学成人教育学院学报，2009，3.

[8] 何晓春. 加拿大里墨斯基大学考试考核体系对我们的启示. 职业教育研究，2006，5.

[9] 江荣华. 澳大利亚 TAFE 课程考核评估的体系和特点. 中国职业技术教育，2006，7.

[10] 陈长幸. 国外高职教育考核评价体系特征. 今日南国，2009，3.

[11] 胡建华. 高等教育学新论，南京：江苏教育出版社，2005.

[12] 徐公芳. "411"人才培养模式的理论与实践. 北京：地震出版社，2006.

[13] 褚海燕. 高职教育考核存在的问题及对策，职业技术教育（教科版），2006，32.

[14] 王勇，刘畅. 高职人才培养质量标准与考核评价方法的探讨. 辽宁高职学报，2006，3.

[15] 黄亚妮. 论高职院校学生的评价与考核. 职业技术教育（教科版），2006，19.

[16] 蔡永红. 对多元化学生评价的理论基础的思考. 教育理论与实践，2001，5.

[17] 丁继安. 构建以实践教学体系为核心的高等职业教育. 高等教育研究，2004，4.

[18] 张磊. 高职高专教育考核方法改革探析. 职教论坛，2004，12.

[19] 任君庆. 就业为导向与高职教育的评价体系改革. 职教论坛，2004，6.

[20] 任君庆，苏志刚. 高等职业教育的质量标准和质量观. 职业技术教育，2003，25.

[21] 杨凤英. 高职质量监控体系如何构建. 中国教育报，2005，3.